+

Journey to
Flat Church

✝

낮은 교회로
간 건축가

PROLOGUE

우리가 고심한 과정은 '낮은: Flat'이라는 단어가 언어적으로 내포한 의미와 유사한 듯하다. 무언가에 의도적으로 미치지 못한 상태, 전체에 부속된 개체, 미완성 되고자 한 결말, 최소로 드러내고자 한 본질은 늘 고민의 저변에 있었다.

'낮은 교회: Flat Church'는 단순히 규모가 작은 것을 넘어서 평생 낮은 이들과 함께했던 그리스도의 가르침을 기반으로한 기독교의 종교적 본질을 건축적으로 담아내고자 한 시도이며, 이를 바탕으로 상징하고자 한 형상과 개념을 따라서 미분적으로 구축되었다. '낮은'과 '작은'에 대한 언어적 비교와 높은 종탑과는 대비된 수평적 형상으로서의 메타포 또한 이러한 의미적 개념을 대변한다.

이곳에 담긴 이야기들은 종교 건축에 대한 엄청난 지식도, 집요한 연구의 결과도, 현 종교 건축에 대한 어떤 비난이나 논평과도 거리가 멀다. 아마도 기독교 건축에 대해 계속 되었던 의문의 과정 속에서 발견한 단편의 기록들이나 기억의 파편들의 우연적 모음집에 가까울 것이다. 그리고 이는 물리적 건축 이외에 수반되는 수많은 사회적 이슈와 종교적 집단 논리 및 실질적 제약과 제어할 수 없는 영역의 태생적 한계 속에서 고군분투 하며 만들어낸 실험적 건축 과정의 집합적 기록으로 연결된다.

교회건축은 대중의 기억과 역사적 맥락 사이에서 파생된 무수한 논리의 집합체이자 복잡한 언어들의 결합체이다. 이 무한한 복합체를 해체하여 도출된 요소 각자를 곱씹어보면, 파편화된 개체들은 마치 미분된 수식과 같이, 그저 일부분으로 혹은 작은 객체로서 전체를 대변하며 그만의 새로운 의미를 드러내기도 하였다.

최소와 제약의 한계는 근본으로 돌아가게 하고 가장 중요한 것을 되짚어 보게 한다. 폐허 속에서도 끝까지 살아 남아 지켜져야 할 가치를 찾으며 무수한 제한과 경계 속에 놓였던 우리의 과제는, 강화도 심중 위 하나의 결론이 되어 위로 받을 누군가를 기다리게 되었다.

이 책이 가볍게 읽혀지기를 바란다. 하지만, 정답이 없는 논제들 속에서 꺼낸 우리의 질문들이 누군가에게는 작은 질문으로 새로이 이어져 또 다른 파동이 되기를 바란다.

YOAP Architects

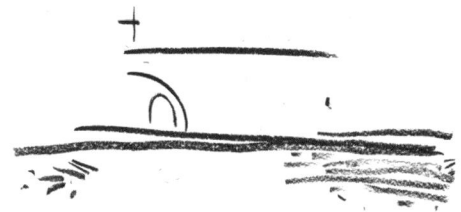

작가의 글

교회를 떠올리면 여러 기억들이 다가온다. 낮은 마을의 뾰족탑이 어린 나에게 멀리서 고개를 내밀었다. 늦으면 바로 발각될 정도로 작은 예배당 주변으로는 단정히 정리된 마당이 있었다. 이곳에서 늘 햇살을 맞으며 가족들을 기다리곤했다. 높지 않은 창문으로 예배당을 넘어다 보기도 하고 장난을 치며 까르르 웃어 넘어지기도 하였다. 낮은 잔디가 발목을 간질였다.

교회와 예배당에 대해 어떠한 질문도 품지 않았다. 지극히 당연하고 자연스러운 것이었기에 이를 객관화 하거나 분류된 종교의 틀에 넣지도 않았다. 청년이 되고 건축을 공부하게 되면서 작은 의문들이 하나씩 꿈틀대기 시작했다. 낮은 자들과 함께하셨던 어린 성도의 기억 속 예수님의 교회는 건축사 속에서 세상 어느 곳보다 화려했고 수려한 조각들과 함께했다. 건축적 동경과 별개로 종교에 대해 느끼던 순수함과 유일함은 무너졌다. 무지함에서 비롯된 것이었으리라.

교회 건축에 관한 궁금증과 갈망은 여행지로 이어졌다. 막연한 초심자의 심정으로 낯선 도시에서 틈틈이 여러 교회를 찾아다녔다. 고딕건축의 결정체부터 형식 없는 낮은 교회와 쓰임을 바꾼 교회 그리고 아이러니하게도 교회가 아닌 공간에서 오히려 신의 모습을 발견하기도 하였다. 두터운 영역과 무게를 지닌 공간과 무수히 변이된 단편의 흔적들, 특히나 무너진 도시 속 새로 태생된 터전에서 의지할 만한 많은 단서들을 발견하였다.

청년 시절 어느 교회에 다니며 예배 공간이 갖는 의미의 무게를 동경하게 되었다. 낮은 조명과 빛나지 않는 거친 콘크리트, 절기에 따라 바뀌는 색의 의미와 두터운 빛이 만들어낸 그 고요한 공간을 장엄한 파이프 오르간 전주가 가득 채우면, 이윽고 간절히 바라던 심중의 고요한 공간에 다다를 수 있었다.

본질을 담은 교회는 공간 자체의 힘만으로도 누군가에게 한줄기 위로가 되고 깊은 의미를 전달한다. 교회 공간이 종교의 공간을 넘어 내면을 담는 공간이자 사회와 도시의 접점이 되어 더 많은 이들이 조용한 위로를 받기 바란다. 그 시절 어느 어린 청년처럼.

건축가 정상경

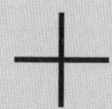

REMINISCENCE 회상

01 Distorted Function / 왜곡된 전언   16
02 Newborn Church / 진화의 시작   42
03 Total Recall / 기억의 회상   62
04 Minority Report / 소수의 보고   72
05 Element Game / 미분 게임   102

EXPERIMENT 건축실험

06 The Flat Church / 낮은 교회   136
07 Architects Talk / 건축가들의 대화   174

01 Distorted Function
왜곡된 전언

"마음에 오래 담아두었던 종교 건축물을 찾아 떠난 여행에서
종교 속에 담긴 건축의 의미를 찾고자 하였다."

@Cologne Cathedral in Cologne,
2013년 성모상 아래에 서다

#신과 인간

쾰른 중앙역 앞에 서서 마주한 고딕 성당의 결정체는 소리 없이 모든 이들을 조용히 압도하였다. 나 또한 무거운 짐을 내려놓고 빼곡히 새겨진 신의 언어를 들었다.

인간은 미지의 영역인 신의 공간을 표현하기 위해서 기하학, 수학 등의 논리를 총 동원하여 이 신비함을 표현할 나름의 방법론을 모색하였다. 여러 장치들을 이용하여 이것을 그려내고자 한 노력들은 저마다의 아이덴티티를 드러낼수 있는 상징과 표식을 만들었다.

시대의 과학은 무한한 신의 존재를 미분하여 논리적으로 설명하려고 하며, 풀리지 않는 수수께끼를 때론 기적이라 부른다.

@Louvre Museum in Paris,
2015년 군중 속에서 피라미드를 바라보다

#높이와 경계

루브르 앞에서 이방인들에게 둘러싸인 유리의 피라미드를 그저 바라보는 것만 으로도, 좁은 이코노미 석에서의 긴 밤은 충분히 보상받은 듯 하였다.

피라미드와 지구라트. 비슷한 형태를 하고 있지만 전혀 다른 방식으로 신을 바라보았던 지구상에서 이 둘보다 강력하게 압축된 종교 건축물이 있을까?

죽은 자를 위한 거대한 무덤이었던 피라미드는 스핑크스를 거쳐야 지나갈 수 있을 정도로 보이지 않는 강한 경계의 공간이었고, 산 자들이 신께 닿으려 끝없이 높이 쌓았던 지구라트에는 오를 수 있는 높은 계단이 있었다.

불가사의하다는 고대의 건축물은 오히려 간단한 논리로 지금의 공간을 새로이 볼 수 있게 한다. 오늘도 많은 이들이 유리 피라미드의 낮은 문턱을 넘었다.

@Valle dei Templi in Sicilia,
2015년 야간열차를 타고 다다른 아그리젠토, 신전의 계곡

#사회와 종교

팔레르모에서 남쪽으로 한참을 달려 닿은 아그리젠토 신전의 계곡에서 최초의 오더와 마주하였다. 오랜 세월 신전이자 교회였던 콘코르디아 신전은 텅 빈 채 남아 계곡을 지키고 있었다.

따스한 오후에 그저 서서 지금은 비워진 신전에서 지중해 햇살을 맞는 고대 그리스 인들의 모습을 그려 보았다. 역사를 되짚어 볼 때, 이보다 사회적인 건축물이 있었을까? 그 시간의 신전은 사회에서 매우 강력한 장소이며 건축물이었다. 예배의 장소를 넘어, 시민을 위한 축제, 만남, 토론의 배경으로서 한 도시의 중심으로 존재하였다. 과거 그 시간에서 사랑받던 신전은 종교 건축을 넘어선 사회의 공간이었다.

신앙의 공간이 물들어서야 안되겠지만 어쩌면 지금의 종교는 그들만의 공간적 울타리를 만들면서부터 사회와 분리되었을지도 모른다.

@Donau Cathedral in Vienna,
2012년 성당의 두터운 벽의 공극 사이로 비추는 빛

#빛이 있으라

And God said, "Let there be light" and there was light.
Genesis 1:3 KJV

압도적인 스케일의 공간에서 두터운 벽을 뚫고 내려오는 아득한 빛은 인간이라는 작은 존재에게 한없는 신을 갈망하게 하였다.

빛은 성경이 알리는 하나님의 태초의 대사이자 이 세상 모든 것의 시작이며 태동이 되었던 최초의 언어였다. 이에 교회에 담긴 빛은 물리적 현상을 넘어 많은 상징을 담게 되었다.

빛에 대한 집념은 장식 없는 커다란 원의 공극에서 바퀴, 장미, 그리고 스테인드글라스까지 무수한 궁극의 빛으로 승화되며 신을 그리는 또 다른 메타포가 되었다.

@Apple center in Singapore,
2022년 판테온을 떠오르게 하는 애플센터의 지붕

#판테온의 사연

모든 신을 위한 공간의 돔 한가운데에 자리한 태초의 눈을 통해 수천 년의 태양이 쏟아져 내린다. 모든 신을 섬기던 로마의 판테온은 기독교가 공인된 이후 기증되어 성당으로 바뀌게 되면서 파괴되지 않고 남을 수 있었다.

다만 슬프게도 판테온의 페디먼트의 청동 장식은 성 베드로 성당의 발다키노를 만들기 위하여 떼어갔으며, 어느 이집트 신전의 성스러운 오벨리스크는 판테온 앞 광장으로 옮겨져 와 십자가의 승리를 별안간 상징하게 되었다.

특정 신을 위한 공간이 다시 새로운 신을 섬기기도 하고, 어느 신의 상징은 약탈되고 훼손되어 또 다른 신의 승리가 된다. 이렇게 기묘하고 고귀했던 누군가의 은유는 여과 없이 또 다른 이의 표상이 된다.

@St. Peter's Basilica in Vatican,
2005년 가을의 바티칸

#목격자

로마에서 지하철을 타고 세계에서 가장 작은 나라로 향했다. 바티칸의 가을, 광장에서 바라 본 성 베드로 성당은 그저 평화롭고 아름다웠다.

태양신과 파라오의 권력의 상징이었던 고대사회의 해시계 위로 십자가가 군림하면서 이곳에서는 새로운 역사가 시작되었다. 네로 황제의 전용 경기장이었던 이 곳에서 베드로를 포함한 수많은 기독교인들이 순교하였으며, 이를 기리고자 성 베드로 대성당이 지어졌다. 광장의 오벨리스크 위 청동 십자가 안에는 예수가 못박힌 실제 십자가의 일부가 보관되어 있는데, 이로서 이교도에 대한 십자가의 승리와 군림의 상징은 완성되었다.

치열한 역사가 사라진 이후에도, 유일한 생존자인 이교도의 돌기둥은 순교자들의 목격자로서 그대로 남아 역사의 산 증인이 되었다

@Trafalgar Square in London,
2012년 크리스마스를 기다리는 트라팔가 광장

#넬슨과 나무

올해도 도착한 트리가 런던의 크리스마스를 기다린다. 노르웨이 숲에서 온 20m의 장정도 55m의 넬슨 제독의 기념탑 옆에서는 아담한 자태를 뽐낸다.

한때 기능 없는 높은 돌덩이에 모든 도시는 열광하였다. 파고다, 메카의 탑, 뾰족한 교회 종탑까지, 위압적인 높이 자체는 어떤 언어보다 강력하였고 직관적이었으며 누군가가 갈망하는 힘을 상징하였다.

로마의 판테온 앞 로툰다 광장에도, 바티칸 성 베드로 대성당 광장에도, 미국의 워싱턴에도, 높이의 결정체 오벨리스크는 각국의 도시에 옮겨지기도 새로이 만들어지기도 하며 도시의 빈 공간의 푯대가 되었다.

로마 교황들은 강력한 권위를 드러냈던 고대 이집트 태양신의 상징을 교회 앞 광장에 정성껏 세웠고, 이와 같은 논리로 태양신을 숭배하던 오벨리스크들은 먼 거리를 건너와 새로운 초월자의 상징이 되었다.

@St. Peter's Basilica in Vatican,
2005년 성당 꼭대기에서 본 베드로의 열쇠

#천국의 열쇠

And I will give unto thee the keys of the kingdom of heaven: and whatsoever thou shalt bind on earth shall be bound in heaven: and whatsoever thou shalt loose on earth shall be loosed in heaven.

Matthew 16:19 KJV

좁고 가파른 계단을 오르며 고갈된 체력을 한탄할 때쯤 성베드로 성당 광장의 열주가 드러내는 완벽한 열쇠의 형상과 대비된 조각상의 초라한 뒷모습을 마주하였다. 천재적인 조각가도 보이는 앞면에만 온 힘을 다한다고 하니 나의 연약함에 대한 뜻밖의 위로가 된다.

베드로에게 건네진 천국의 열쇠는 세상에서 가장 작은 나라의 광장에 내려앉아 어느 신성한 은유가 되었다. 종교적 메타포를 기반으로 한 상징체계와 코드. 종교만큼 직관적 은유를 반기는 건축물이 있을까?

@St. Stephen's Cathedral in Vienna,
2010년 젤라또가 녹아 내리던 여름의 비엔나

#도시의 심장

And I say also unto thee, that thou art Peter, and upon this rock I will build my church; and the gates of hell shall not prevail against it.

Matthew 16:18 KJV

슈테판 대성당은 현재까지도 이 도시에서 가장 강렬하게 마주치는 장소이다. 그가 가진 세월의 무게와 세밀한 자태 앞에 서면 대부분 넋을 잃게 된다. 모짜르트의 결혼식과 장례식이 열렸던 이곳. 사랑 받았던 한 음악가의 삶과 죽음이 담긴 이 장소를 오롯이 대면한다.

토지를 기반으로 이루어졌던 고대 로마의 도시에서 예수님의 말씀 속 "반석 위의 교회"는 견고한 대리석위의 교회로 해석되었던 것일까. 외면된 신전과 로마인들의 저택 등 곳곳에서 옮겨온 견고한 돌들은 교회의 일부가 되었고, 지금까지도 도시의 심장으로 숨쉬는 이 장소를 굳건히 지켜내고 있다.

@Cologne Cathedral in Cologne,
2012년 시간이 멈춘 듯 바라보게 되는 성당의 자태

#낮은 도시

고딕에 이르러 교회 건축은 절정에 이르렀다고 모두가 극찬한다. 더 이상 높아지는 것은 두려운 일이 아니었다. 그를 만들어 내는 사회적 이해와 건축적 지식에 자본까지 더해져 화려한 고딕 교회들이 줄줄이 지어졌다. 건축적으로 완결된 아름다운 공간은 회화, 조각, 음악 등 모든 예술이 하나가 되어 완성된 결정체였다. 그리고 이것은 종교를 넘어 시간을 거슬러 가치를 인정받는 공간이 되었다.

셀 수 없는 시간이 흘렀으나 그저 짙어진 쾰른 성당은 그대로의 낮은 도시를 내려다보았다. 무너진 겹겹의 역사를 넘어 현대 사회로 넘어온 교회 건축에는 어떤 가치가 남아 있을까?

@Cologne Cathedral in Cologne,
2012년 천사와 손잡은 순간

#분명한 의도

And I say unto you, Ask, and it shall be given you; seek, and ye shall find; knock, and it shall be opened unto you.

Luke 11:9 KJV

눈으로 발견하고 잠시 머뭇거리다 잡은 천사형상의 손잡이는 미세한 감각으로 공간을 넘으려는 여행자의 심중을 흔들었다. 익숙함과는 대비된 세밀하고도 영롱한 자태에 격렬한 마음이 들끓는다.

기호학과 상징체계, 목표한 의도와 변이된 해석, 보이지 않는 존재에 대한 기록과 전파. 경계를 넘는 문턱에서 손에 닿는 곳까지 빼곡히 새겨진 상징은 천국으로 구원할 하나의 영혼을 기다리며 오랜 시간을 기다렸다.

@Foro Romano in Rome,
2005년 온 도시가 박물관인듯 역사가 보존된 도시

#교회의 시작

비오는 로마를 걸으니 과거의 시간으로 건너온 듯하였다. 그대로의 흔적을 따라 내리는 비는 도시 만큼이나 힘 있고 웅장했다.

"로마의 모든 시민은 종교의 자유를 누린다." 콘스탄티누스 대제의 밀라노 칙령과 함께 양지로 돌아온 기독교인들은 함께 모일 새로운 공간을 만들어야 했다. 로마는 시민의 사회였고, 그 사회 속에는 극장, 신전, 시장, 콜로세움, 바실리카 등 시민의 삶을 이루는 많은 공공 건축이 함께 하였다.

신전이 교회가 될 수는 없는 노릇이고, 그 중 로마 건축의 공공성을 대표할 수 있는 바실리카는 자연스럽게 초기 교회 건축의 모태가 되었다.

@Cologne Cathedral in Cologne,
2013년 숨죽이게 되는 쾰른 대성당의 내부

#공간과 삶

소박한 목조 지붕으로 시작하여 로마 문명과 함께 화려하게 변모하였던 '바실리카'는 시장이나 재판이 열리던 일상의 장소였다. 집회 시설이었던 공간이 그대로 교회가 되면서 자연스럽게 교회의 대부분은 예배 공간이 차지하게 되었다. 차지하는 공간의 비중만큼 예배 자체의 의미가 점점 강조되며 많은 순서와 격식이 더해졌다. 스케일을 압도하는 거대한 공간이 드러내는 다양한 공간적 위계 속에서 자연스럽게 그에 따른 직책들이 생겨났다.

어느 저녁 제자들의 발을 씻겨 주었고 함께 기도하며 음식을 나누었던 이의 모습을 떠올려 본다. 높은 열주 곁에서 이러한 일들이 지속될 수 있었을까? 거대한 설교대에서 말씀을 선포하는 이와, 그러한 예배당에 앉게 된 이단아들. 원하던 원치 않던, 공간은 머무르는 사람의 삶에 지속적인 영향을 준다.

@Colosseum in Rome,
2005년 빗물 서린 콜로세움 앞에 멈춰서서

#인간의 타락

흐린 날씨에도 검투사 옷을 입은 이들이 2유로를 외치며 함께 사진을 찍자며 손을 젓는다. 인간의 잔혹한 타락과 당대 건축기술의 집성체를 동시에 보여주는 이 육중한 건축물은 2000년 세월을 넘어서도 현재의 도시에 남아있었다.

많은 이들의 죽음이 서린 거대한 포식자의 공간은 중세 교회를 짓기 위해 외벽의 절반 이상이 해체되었으며 도난 되거나 파괴되어 변이 되었다. 그리고 현재에는 많은 크리스천들이 순교한 이 장소에서 매년 성금요일, 예수님의 수난을 추모하는 '십자가의 길' 예식이 열린다.

거대한 역사의 산실이 그대로 남아있는 이 장소는 지금 이 순간에도 가장 위대하면서도 슬프고 치열하였다.

@Triumphal Arch in Paris,
2010년 늦은 저녁 밤 산책

#최고의 기술자

시원한 밤바람을 맞으며 걷는 샹젤리제의 밤거리에는 은은한 낭만이 서려있었다.

아치는 메소포타미아에서 불완전한 모습으로 출발하여 에트루리아인들에게 지붕과 문이 되었으며 로마인에게 전승되어 그들의 최대 발명품이 되었다. 개선문의 육중한 아치는 승리를 기념했고 수도교의 아치는 16km 너머 프리오 강의 물을 도시로 끌어왔으며 콜로세움에서는 그 절정을 이루며 5만명의 관중을 환호하게 하였다.

파편화된 재료들을 무너트리지 않고 곡선으로 쌓는다는 것은 언뜻 생각하기에도 매우 어려운 일이다. 그리하여 아치를 만드려면 힘과 부를 가져야했기에 로마 지배 계층에서는 이를 영예와 정치적 수단으로 이용했다. Arch를 만드는 것은 당대 최고의 건축 기술이었고 이 복잡한 Arch를 지을 수 있는 기술-technique을 가진 자를 Architect라 불렀다.

@Bath Abbey in Bath,
2012년 눈이 부시게 아름다운 교회에서의 예배

#아치와 교회

Bath Abbey에서 천사의 노래가 울려퍼졌다. 화려한 구조를 따라 그만큼 아름다운 선율이 쏟아져 내렸다. 없던 신앙도 이곳에서라면 저절로 생겨났을 것이라 생각했다.

로마의 질서와 이념을 부정하던 기독교인들 로마의 박해를 피해 카타콤에 머물던 이들은 수세기 후 양지로 나와 아치의 교회를 지었다. 건축적으로 보면 아치는 점점 더 높이 쌓는 것을 가능하게 한 최초의 구조이며 공간을 점점 더 높고 화려하게 만들 수 있게 해준 합리적인 도구이자 수단이었다. Pointed arch, 리브, 플라잉 버트레스로 이어지며 교회 공간은 점점 더 화려하고 높아졌으며 다른 신을 섬기던 돔도 교회의 공간으로 따라 들어왔다. 성도들은 아름다운 공간에서 하나님을 만났고 자연스럽게 아치는 교회 건축의 중요한 일부가 되었다.

@Cologne Cathedral in Cologne,
2012년 앞서가는 이에게 길을 내어주며 첨탑을 오르다

#어느 여정에 대하여

쾰른 대성당 첨탑에서 라인 강과 쾰른 시내를 내려다보려면 509개의 계단을 올라야 한다. 앞서 가는 이를 따라 오는 이에게 길을 내어주며 낙서로 가득한 이정표를 따라 좁디좁은 계단을 오른다. 가끔 마주하는 틈으로 밖을 내려다보면 거대한 종을 마주하게 된다. 잠시 숨을 돌리고 따스한 나무 손스침을 의지하여 위로 또 위로 오른다. 무수히 변화하는 여정 속에서 우리는 때로는 멈추고 다시 걸으면서 그렇게 마지막 계단을 함께 올랐다.

이처럼 어느 공간으로 가는 여정에서 많은 기억을 남긴 적이 있다. 그 과정에서 느낀 수많은 감정들은 실은 꼭대기에서 마주한 풍경의 감동보다 컸는지도 모른다. 낙서를 보며 나누던 허튼 대화들과 조각나 모인 작은 풍경들은 기억을 빼곡히 채운다.

@Kolumba museum in Cologne,
2012년 박물관에서 바라본 겨울의 쾰른 성당

#어느 조약돌을 찾아서

오랜 세월이 지난 후에도 여전히 과거의 높이를 간직한 낮은 도시에서, 높은 첨탑을 지닌 교회는 도시의 이정표가 된다. 마치 모든 도시가 교회 앞에 겸손하게 높이를 낮춘듯 기나긴 세월 동안 누적된 거대한 산등성이처럼 교회는 꾸준히 도시의 심장으로 뛰고 있었다.

현대의 도시는 더욱 더 높은 것에 열광하여 변화되고 높아지고 있다. 더 이상 과거의 교회는 가장 높지도, 누군가에게 시간을 알리지도 않는다. 그렇다면 높아진 도시의 모습 속에서 현대 교회는 높이 이외에, 종교적 본질을 담을 수 있는 어떤 무언가를 지녀야 할까?

거대한 골리앗을 무너트렸던 작은 조약돌들처럼.

@Southwark Cathedral and The Shard in London,
2011년 일상적으로 마주한 퇴근길 풍경

#경쟁

퇴근 후 일부러 주변을 한참 걸어 다음 역에서 집으로 오는 지하철을 탔다. 도시가 주는 설레임 때문에 걷는 것 만으로도 그날의 피로는 금세 사라졌다.

런던은 내게 그 자체로 휴식과 선물이었다. 매끈해진 도시의 표정과 대비되어 복잡하게 구조화된 오랜 세월을 난 축척체는 지나는 노인의 얼굴에 새겨진 주름처럼 오히려 아늑하고 편안했다.

1220년부터 약 200여년의 건설 과정을 거쳐 지어진 런던 최초의 고딕 양식의 교회인 서더크 대성당과 갓 도시에 뿌리를 내린 렌조 피아노의 야심작이 한눈에 들어온다.

반자연적이고 이상적이며 지배적인 인간은 건축과 건물의 경계에서 장식과 예술의 경계에서 또 어느 상징적 경계 앞에 서서 끊임없이 진화하며 무엇을 증명하려고 하는 것일까.

@St. Patrick's Cathedral and Olympic Tower in New York,
2009년 가을 대비되는 도시 속 풍경

#화려하고도 위험한

뉴욕 5번가의 가을은 기대했던 것보다도 더 화려하였다. 자각하지 못한 사이 손에 들린 쇼핑백이 하나둘씩 늘어갔다. 아베크롬비 매장의 모델은 지나치리만큼 부담스러웠지만 슬쩍 행렬에 끼어 즉석사진 한 장을 보탰다.

조각 회화 음악을 모두 담은 완성체로서 닿을 수 없던 신의 존재를 닮았던 중세 교회는 이 복잡한 현대 도시에서도 그 자리를 그대로 지키고 있다. 그들은 현대 도시와 상생하는가 혹은 경쟁하는가.

화려한 도시의 한켠에서도 누군가는 신을 발견할 수 있었을까 아니면 역사의 단편으로 여기며 그저 지나쳤을까. 더 높아지고 화려해지려는 도시의 속성은 이제 과거의 교회를 훌쩍 뛰어 넘어 하늘에 닿게 되었으며, 영원한 승자가 없는 끝없는 경쟁 속에서 악마의 표적이 되어 순식간에 파괴되기도 하였다.

@Sagrada Familia in Barcelona,
2012년 더운 여름 기나긴 기다림의 끝에 마주한 성당

#보이지 않는 곳으로

너무 기다려왔던 순간이여서 안으로 들어가지 못하고 바깥에서 한참을 서성거렸다. 가까이서 바라본 성당의 외피에 빼곡히 새겨진 조각들을 보며 경이로움과 감탄을 멈출 수 없었다. 인간을 위해 생을 바친 신의 삶과 신을 위해 생을 쏟은 인간의 헌신이 영혼을 꿰뚫고 지나갔다.

궁극의 건축물을 보며 기이하게도 교회라 명명되기 시작한 공간의 처음을 회상하였다. 야훼의 백성은 애굽에서 내몰렸고 사막을 떠돌았으며 로마의 박해를 받았다. 사막의 강한 햇살을 견디고 쉽게 옮겨져야 했기에 백색의 성막을 구축하였고, 박해를 피해 숨어야 했기에 지하 분묘나 성도의 집이 예배의 장소가 되었다. 이러한 연유로 성막, 성소, 카타콤 그리고 Domus가 기독교인의 예배 공간의 시작이었다.

@Sagrada Familia in Barcelona,
2012년 고난의 길을 담은 성당의 조각상

#낮은 지대의 모퉁이

그리스어 카타콤베는 '낮은 지대의 모퉁이'를 뜻한다. 로마의 질서와 이념을 부정하던 이단아였던 기독교인들. 그들의 공간은 로마의 박해를 피해 카타콤베와 성도의 주택에서 시작되었다고 한다. 작은 주택에 모여 예배했으며 순교한 이들은 카타콤베에서 영혼의 안식을 얻었다.

그들은 한 집에 모여 예배하고 세례를 받고 공부하며 음식을 지어 먹었다. 공간은 그들의 생활 그대로 평등하게 나뉘어 있었다. 규모가 꽤 있는 Domus가 개조된 공간에서는 최대 50~60명이 함께 예배를 드릴 수 있었다. 성전 없이 가정에서 거리에서 그리고 낮은 지대의 모퉁이에서 그들의 신앙은 지속되었다.

이들과 늘 함께했던 예수는 어느 강가에서 세례를 받았고, 그저 한적한 바닷가에서 보리떡을 나누어 먹었으며, 교회를 지으라는 말씀은 하지 않았다.

@Oslo Opera House in Norway,
2016년 노마드의 삶이란

#성막교회

유목민이었으며 40년간 광야를 버텨내던 이스라엘인들을 떠올려본다. 화려한 이집트 신전을 떠나왔던 그들, 늘 떠나야 했기에 꼭 필요한 것만을 가지고 이동하였고 종교는 삶이자 그들의 일상이었다. 공간의 크기, 높이, 규모, 화려함이 힘의 상징이었던 그때, 그들은 사막으로 나와 치장 없는 얇은 천막의 벽을 만들었다. 장식도 사치도 없는 공간이었다. 성경을 거듭 읽어보아도 성막의 꼭 필요한 요소들을 알 수 있을 뿐 그 형상에 대한 다른 추임새는 없다. 척박한 땅에서 하늘의 선물 '만나'에 의지해 살며 사방으로 최소의 천막을 지어냈던 이들. 그들에게 믿음 그리고 거룩이란 그 화려함에 있지 않고 내면의 본질에 있었을 것이다.

광야에서 가나안 문명에 정착하여 살며 기독교는 타락을 시작했다고 한다. 한 곳에 정착 한다는 것은 익숙해지는 것이고 그것은 점점 권력과 사치를 만들어

낸다. 화려한 이집트 성전을 떠나와 Nomad의 삶을 스스로 택했던 이스라엘인의 성막을 떠올리며 본질적 종교란 무엇인지 반문해본다. 사람들의 삶이 공간을 만들어 내지만 공간 또한 그곳에 머무르는 사람들의 삶을 만든다.

삶 이후에 천국이 있다는 기독교적 관점에서 볼 때 현재의 삶에 무언가를 더한다는 것은 욕심이고 사치라는 조금은 파격적 결론에 다다른다. 이러한 신념에서 교회 건축을 판단한다면 어쩌면 성막 교회만큼 완벽한 교회 공간도 없을 것이다. 어느 대단한 것도 대우주의 관점에서는 일개 먼지이며 현생에 대한 집착일 뿐이니 말이다.

머무는 공간 또한 그 종교의 본질을 드러낸다.

02 Newborn Church
진화의 시작

"무너진 베를린 교회를 시작으로, 새로이 생성된 교회의 의미를
발견하였다. 죽음에 대한 자각은 신의 존재를 갈망하게 한다."

@St. Kolumba Church in Cologne,
2012년 파괴의 흔적 속 새로운 공간을 담아내다

#남은 자들의 풍경

제2차 세계대전의 폭격 속에서 도시의 교회도 예외 없이 파괴되었다. 잿더미로 변했던 쾰른의 쿨룸바 교회는 Peter Zumthor의 설계로 현재의 미술관으로 재탄생 하였다.

불가항력의 파괴자 앞에서 어떤 것들은 사라지기도 하고 폐허 속에서도 잊혀진 본질은 다시 태어나기도 하였다. 그 자취를 지나는 이들에게 맡겨진 고뇌는 지나간 세월보다 깊었다.

시간이 겹쳐진 공간으로 들어섰을 때 틈새로 떨어지는 빛은 무너진 돌들을 가만히 비추었다. 신을 보았던 장소를 넘어 과거를 만나는 곳으로서, 무너졌던 무한의 벽들은 새로운 시간을 만나 함께 쌓여져 그렇게 남아 있었다. 흔적 위로 쌓인 절제된 건축은 그 폐허를 지키는 성벽과도 같이 보였다. 견고한 침묵이 내민 위로와 화해였다.

@Kolumba museum in Cologne,
2012년 과거와 현재의 사이를 거닐며

#멸종과 진화

For the weapons of our warfare are not carnal, but mighty through God to the pulling down of strong holds;

2 Corinthians 10:4 KJV

높디 높던 독일의 교회들, 엄청난 건축 기술과 아름다움의 결정체들은 포탄 앞에서 허물어졌었다. 그리고 그 흔적들은 그대로 또는 새로이 남아 그 시간을 이어가고 있다.

무너졌던 교회는 의도적으로 다시 복원되지 않았다. 무너졌던 모습 그대로 도시 속에 남아 그 때의 시간으로 모두의 의식을 되돌려 놓는 듯 하였다. 절대로 무너지지 않을 것 같았던 뾰족한 도시의 심장은 아픔이자 파멸의 역사로서 무너진 모양새 그대로 남게 되었다.

@Kaiser Wilhelm Memorial Church in Berlin,
2012년 푸른 빛 아래에 서서

#전쟁과 평화

첨탑도 아치도 어떠한 위계도 없는 여덟 개의 면으로 푸른빛이 쏟아져 내렸다. 한번도 보지 못한 오로라를 본 것만 같았다. 오르간 소리가 그 속으로 조용히 울려 퍼졌다.

높디 높은 도시의 상징이 사라진 뒤 무엇을 남기고 무엇을 허물며 어떻게 재건할지에 대한 기로에서 그들은 전혀 다른 해답을 내어 놓았다. 그대로 남겨진 무너진 성전 옆에는 높이 없이 나즈막한 푸른 예배당이 지어졌다.

전쟁의 아픈 상처를 고스란히 간직한 첨탑 옆으로 자리하게 된 이 공간은 그 상처 난 기억을 오롯이 이해하며 많은 이들의 마음을 위로하고 있었다.

정답 없이 있는 그대로 연결된 두 개의 타임라인은 도시 한복판에 남아 많은 이들에게 수많은 질문을 건네고 있다.

@Chapel of Reconciliation in Berlin,
2012년 화해를 건네는 장소

#평화의 무게

Peace I leave with you, my peace I give unto you: not as the world giveth, give I unto you. Let not your heart be troubled, neither let it be afraid.

John 14:27 KJV

간결한 원형의 매스가 빈 도시의 공간에 무겁게 자리 잡았다. 형태를 곧이 담은 간결한 그림자와 대비되는 분절된 껍질은 따스한 오후의 햇살을 오롯이 내부로 가져다 놓았다.

옅은 껍질 안으로 자리한 두터운 벽은 대비되어 어떤 보호된 본질을 담고 있는 듯 하였다. 간결한 기하학의 조형과 포장 없는 재료로 그려진 분명한 상징의 언어는 화려한 조형물은 감히 그려내지 못할, 단단한 평화의 무게를 담고 있었다.

무너진 장벽 너머 경계 없이 내린 눈은 베를린의 겨울 햇살을 받아 새하얗게 반짝였다.

@Chapel of Reconciliation in Berlin,
2012년 경계를 넘은 겨울 햇살이 따뜻했다

#여정의 감각

Come unto me, all ye that labour and are heavy laden, and I will give you rest.

Matthew 11:28 KJV

해체된 베를린 장벽을 걸으며 이미 이 교회로의 여정은 충분하다고 생각했다. 세월의 흔적을 담아 녹이 슨 쇠기둥과 나무 루버 사이로 들이친 햇살은 예배당의 거친 벽에 그림자를 남기며 조금은 무겁게 이어졌다. 두터운 베를린 장벽은 못 넘었을 겨울 햇살과 바람이, 이제는 흐트러진 장벽을 넘어 교회 안으로도 평화롭게 스며들고 있었다.

땅에 평안히 내려온 십자가 옆에 앉아 최소의 장치만을 남겨놓은 채 한없이 비워진 이 공간에서 가만히 눈을 감아 보았다.

@Chapel of Reconciliation in Berlin,
2012년 흙으로 빚어진 공간 속에서

#흙과 기원

마치 겹겹이 쌓여진 땅속에 선으로 누워 태초의 하늘을 바라본 듯 하였다. 눈밭 위로 반짝이던 햇살을 뒤로 하고 두터운 침묵 속으로 가만히 잠입하였다.

오랜 세월 쌓여진 지층처럼 두터운 벽은 손끝에 닿아 따스하고 거칠었다. 걸음은 공간에 가만히 공명되어 그 발길을 더욱 신중하게 하였다.

베를린 장벽 가까이 위치한 연유로 허물어졌던 교회는 소박하고 단일한 모습으로 새로이 지어져 분명한 메세지를 전달하고 있었다. 흙으로 빚어져 그 삶을 다하고 결국 다시 흙으로 돌아가는 인간. 장식없는 간결한 언어는 머무는 이들에게 오히려 생의 본질을 돌아보게 한다.

@Grundtvig Church in Copenhagen,
2012년 마을과 공원을 지나 마주한 교회

#시민의 교회

그룬트비 교회는 사랑받는 찬송가 작가였던 그룬트비를 기리며 국민들의 세금으로 지어졌다. 누구나 올 수 있는 낮은 문턱의 교회의 첫인상은 아이러니하게도 바벨탑의 원형이라 불리는 지구라트의 형태를 떠올리게 하였다. 하지만 비교적 낮은 모습을 한 탓에 견고한 그 모습도 어쩌면 허물어지는 바벨탑과도 같아 보였다.

하지만 조금 시야를 넓혀 주위를 둘러보면 교회 입면은 주변 도시의 모습을 그대로 닮아있음을 발견하게 된다. 그리고 앞에 위치한 공원과도 어우러져 그저 자연스러운 마을의 일부인 것처럼 여겨진다. 이렇다 할 경계는 없지만 단단히 쌓여진 이 마법 같은 장소는 종교를 넘어서 누구든 올 수 있는 곳으로서 많은 이들의 쉼터가 되고 있었다.

@Grundtvig Church in Copenhagen,
2012년 단일하게 사용된 벽돌이 만든 희열

#단일성

도시를 닮은 교회의 작은 문으로 들어섰을 때, 6백만 장의 쌓아진 벽돌 이외에 다른 치장도 그림도 없었다. 이 교회의 유일한 장식은 포장되지 않은 날것의 벽돌이었다.

제단도 계단도 없이 바닥에 그대로 내려있는 벽돌의 설교대를 향해 비치된 소박한 보통의 낮은 나무 의자에 앉아 덴마크어로 진행되는 설교 말씀을 들으며 시간을 보내었다. 낯선 언어가 울려 퍼지는 공간 속에 앉아 있는 어느 이방인에게, 수직으로 뻗어 있는 천장과 대비되는 낮은 의자는 무척이나 따스하고도 편안한 마음을 심어주었다.

하나의 통일된 재료가 만들어낸 시민의 공간은 화려하지만 화려하지 않았고 높지만 높지 않았다.

@Donau City Church in Vienna,
2012년 빌딩 숲 사이에서 발견한 교회

#도시와 교회

거대한 빌딩 숲 사이로 화려하지도 뾰족하지도 않은 자태로 그저 있는 모습에 하마터면 그냥 지나칠 뻔했다. 그 작은 몸집마저 여러 개의 덩어리로 나뉘어져 더 낮고 작게만 보였다. 작은 거인은 그렇게 경계도 없이 도시 한복판에 용감하게 서서 지나가는 이들과 높은 도시를 바로 마주하고 있었다.

문은 하나였다. 그 문으로 들어가서 다시 그 문을 돌아 나와야 했다. 떠들썩한 도시의 소음을 등지고 묵직한 문을 열면, 그와 대비되는 나무로 만들어진 공간이 뿜어내는 깊은 적막함에 닿게 된다. 문을 열고 닫는 그 짧은 멈춤 만으로도 이미 다른 공간으로 넘어갈 준비는 충분하였다. 오히려 군더더기 없는 짧은 여정 속에 담긴 간략한 대비는, 숨겨져 있는 내면으로의 여행으로 순식간에 집중하게 하였다.

@Donau City Church in Vienna,
2012년 작은 창 너머로 바라본 도시

#관찰

계산된 크기와 깊이로 이루어진 창은 빛을 제한하고 적당한 영역성을 만든다. 오클루스가 대변했던 신의 빛과 사회와 수평하게 만들어진 군중의 빛은 각자의 언어로 예배당을 밝히고 있었다. 일상에서 그대로 발견되는 교회와 교회에서 바로 발견되는 일상. 어느 사회와 교회가 가지는 친밀하고도 비밀스러운 관계가 보였다.

예배당 안에서 바라본 따스하고도 작은 나무 창들은 마치 오래된 창호문의 손 구멍처럼 도시의 내밀한 이곳 저곳을 담는다. 작은 구멍 속에는 바쁜 군중들 속 발견된 누군가가 있었다.

높은 언덕에서 내려온 교회는 그렇게 도시에 조용히 닿아 있었다. 그리고 작은 문을 내밀어 누구에게나 손짓하였다.

@Notre-Dame du Haut in Ronchamp,
2012년 새벽 안개가 거칠 무렵 롱샹성당을 마주하였다

#낭만에 대하여

롱샹 성당에 가기 위해서 바젤에서 기차를 타고 또 갈아 타며 한참을 달렸다. 새벽 가득한 숲 속의 길을 작은 표지판에 의지하여 조심스럽게 걸었다. 길을 잃었는지 불안해질 무렵 드디어 언덕 위 그 실체와 대면했다.

새벽의 고요한 적막, 물을 머금은 숲과 콘크리트, 이슬 가득한 풀들과 구름 진 나무, 그 사이에 드러난 성당. 정신을 붙잡고 셔터를 누르고 또 눌렀지만, 전혀 완벽히 담아낼 수 없었다. 모든 것이 이보다 더 종교적일 수 없었다. 실은 나에게 종교와도 같았던 건축이었기에 지극히 과한 주관적 감상을 맘대로 늘어놓았는지도 모르겠다.

어느 합리주의적 건축가는 무수히 읊던 자신의 전언을 잠시 내려놓고, 지극히 비합리적이며, 낭비적이며, 소모적인 건축물을 혼신을 다해 빚어내었다.

@Notre-Dame du Haut in Ronchamp,
2012년 작은 창들에 그려진 신의 언어

#1954

교회가 마땅히 따라야 할 양식과 전언들을 무시하고 새로운 언어를 던진 이 기묘한 교회는, 교회 건축 역사의 파격적인 충격이자 신新교회의 화두를 던진 이단아였다.

어두운 성당의 예배당에 형이상학적 틈새로 신비롭고도 낯선 세계가 내어다보였다. 날이 선 공극으로, 깊이로, 기이한 암호로 새겨진 크고 작은 창들은 두터운 벽을 한 가득 채우며 무수히 새겨져 있었다. 간결하면서도 세밀한 언어로 정리된 유리화에 그려진 추상적 기호들은 기묘한 영혼의 공간을 그렸다.

고대에는 태양신의 신전이 있었고, 4세기에는 기독교인들의 성소였던 어느 언덕 위에는 많은 이들에게 회자되는 교회가 현재의 시간을 살게 되었다. 무수한 시간이 켜켜이 쌓인 영겁의 숲길을 지나 그 곳에 다다르면, 누구든 갈망해온 평안을 누릴 수 있었다.

@Basel Historical Museum in Switzerland,
2012년 크리스마스를 기다리며

#축제와 십자가

성탄절이 다가오면 바젤 역사 박물관 앞에서는 크리스마스 마켓이 열린다. 14세기의 한 수도원 교회로 시작했던 Bare foot Church는 병원 및 학교 등 그 이름만큼이나 인도적인 다양한 용도로 쓰이다가 현재에는 도시의 역사를 담는 박물관으로 쓰이며 여전히 지속되는 도시 생활의 배경으로서 그 기억을 이어가고 있었다. 맨발의 교회라니. 그 이름만으로도 잠시 마음이 뛴다.

크리스마스를 앞둔 이곳에서는 여러 개의 플리 마켓이 어떠한 경계도 없이 과거의 교회와 공간을 공유하고 있었다. 그 시대의 높고 화려한 교회와 완벽히 구분되는 크지 않은 몸집과 낡은 외관 위 검소한 십자가는, 과거 수도원이 가졌던 신앙적 고민을 온전히 대면하게 히였다.

건축물 표피 곳곳에 남은 시간의 흔적들은 여러 번의 여름을 지난 겨울의 나무와도 닮아 보였다. 광장으로 내어 놓은 높지 않은 보통의 돌계단에 앉아 발걸음을 잠시 멈추었다. 낡은 벽, 빛나지 않는 십자가, 조금 비뚤어진 비례, 낮은 문. 그 앞에 기대어 앉아 나도 잠시 동안은 평안한 도시의 배경이 된다.

@St. Anne's Church in Lithuania,
2013년 석양이 부린 마법

#본능

차들이 계속 지나간 덕분에, 횡단보도 건너편에 멈춰 서서 석양을 받아 붉게 빛나는 성안나 교회를 한참 동안 바라보았다. 오묘하고도 정교하게 겹겹이 쌓아 올려진 벽돌들은 마치 살아있는 작은 유기체와 같아 보였다. 정벌 길에 나섰던 나폴레옹이 '손바닥에 얹어 파리로 가져가고 싶다'고 말한 이유는 굳이 찾지 않아도 되었다.

다른 것보다 높고 웅장하며 기이한 무언가를 만들려는 시도. 집요하게 위로 쌓으려는 인간의 본성. 성경에서 바벨의 높이는 징벌의 대상이었지만, 어린 시절을 곱씹어 보면 누군가에게 높이란 단지 어려운 과제에 대한 그저 풋풋한 모험이기도 했다.

@St. Stephen's Cathedral in Vienna,
2013년 색을 입은 오래된 입면과 도시와의 접점

#혼재된 경계

유럽인에게 교회는 종교를 넘어 삶이자 일상이었고, 수많은 이들의 기억이 담긴 도시의 역사이다. 유럽의 많은 교회가 문을 닫고 있고 폐쇄나 철거를 앞두고 있다고 하니, 종교를 넘어서 가슴 아픈 일이다. 비엔나의 어느 쌀쌀한 저녁 무수한 색채가 도시로 쏟아져 내렸다. 마치 찬란한 스테인레스가 내부를 넘어 도시로 새로이 빛을 뿜어낸 듯 하였다. 오랜 교회가 도시와 만들어 낸 공간의 접점은 쌀쌀한 계절에도 많은 이들을 함께 머무르게 하였다.

도시와 벽을 공유하며 색채로 변화된 공간은 오래된 교회가 꿈꾸던 사회와의 접점의 영역을 다시 갈구하는 듯하였다. 과거의 찬란한 기억을 그리워하며.

@St. Stephen's Cathedral in Praha,
2011년 아름다운 공간에서 펼쳐진 클래식 공연

#낯선 통로

오전에 미리 끊어 놓았던 표를 들고 어둑해질 무렵 다시 이 성당을 찾았다. 1711년부터 시간을 이어온 아름다운 바로크 양식의 장소에서는 도시의 낯선 방문객을 위하여 저녁이면 익숙한 클래식이 울려 퍼진다.

현대의 교회와 도시가 가지는 접점에 대해 많은 이들이 고심한다. 이 과정에서 교회의 건축적 공간에는 다양한 해석이 투영되며 유행처럼 카페, 도서관, 공부방 등이 생겨나기도 하였다.

종교적 가치를 훼손하지 않는 범위 내에서, 교회와 사회가 태생적으로 가지는 심리적 경계는 어디까지 허물어질 수 있을까?

@Oude Kerk in Delft,
2011년 미술관이 된 교회

#무죄 혹은 유죄

여행자 센터, 카페, 갤러리, 심지어 클럽까지. 유럽의 많은 교회들이 다른 공간으로 변이되어 쓰이는 것을 종종 목격하였다. 신념을 배제하고 바라본 장소들은 중세의 교회가 가진 공간적 매력과 새로운 기능이 절묘하게 맞아 떨어진 신묘한 공간이었다.

이성적 논리의 앞에서 사용성을 다한 기능은 그저 가용한 다른 것으로 언제든지 대체될 수 있으며, 오히려 문화는 이를 권장하고 기다린다. 세기를 지난 오래된 병원이 카페가 되고, 낡은 창고는 문화공간이 되는 사회적 현상은 매우 자연스럽고 문화적인 대응이다.

다만, 이것이 종교 건축에서 신념과 충돌 했을 때 그 심경은 각자의 몫으로 남는다.

03 Total Recall
기억의 회상

"나의 기억 속 교회에 대한 이야기."

@Abbey Road Baptist Church in London,
2011년 비틀즈의 횡단보도 앞 교회

#애비로드

그 시절 비틀즈는 횡단보도를 걸어 녹음 스튜디오로 향했고, 나는 세기의 횡단보도를 건너 교회로 갔다. 길 위의 비틀즈를 기억하는 이는 많으나, Abbey Road Baptist Church의 존재를 아는 이는 드물었다. 그래서 횡단보도는 늘 북적였고, 예배당은 조용했다.

런던 애비로드 교회의 목사님은 스코틀랜드 출신의 장정이었다. 목사님은 놀라우리만큼 신도와 목회자와의 평등한 관계를 형성했고, 본인 스스로의 평범함과 부족함에 대하여 자주 이야기하곤 했다. 청빈적 삶을 신도에게도 강요하지 않았고, 그래서 성경과 목사님과의 괴리감도 느껴지지 않았다.

우리 모두는 신 앞에서 늘 부족한 인간이었고, 같은 목표를 향해 노력하며 내일은 조금 더 나아질 희망

이 있는 인간이었다.

150살의 교회에서 열리는 예배 시간에 공간과 이념이 상충되는 모습을 자주 목격하였다. 장정 목사님의 체격을 훨씬 뛰어넘는 예배 공간은 불편하리만큼 거대했고, 오래된 장식들 덕분에 주위를 둘러보며 허튼 생각이 들기 일쑤였다.

"Would you like a cup of tea?"

평일 저녁 예배당 아래층 커뮤니티 공간에서 차 한 잔과 함께 성경 토론을 하곤 했는데, 나에게는 이 시간이 오히려 더 편안하고 자연스러운 예배 시간이 되었다.

낮은 공간 아래 어떠한 위압감이나 불편함이 없는 아늑하고 평범한 공간에서, 누구나 성경을 읽고 자유롭게 의견을 말하며 토론하였다.

@서울 경동교회,
2008년 예배자의 마음으로

#공간의 위로

예배 전에는 늘 오르간 전주가 고요히 빈 공간을 채웠다. 아직 닿지 않은 성도를 맘 넓게 기다리며, 이미 자리한 부지런한 예배자에게는 아낌없는 마음의 위로를 나누어 주었다. 예배 중에도 실은 가끔 넋이 나가 빛이 쏟아져 내리는 십자가를 보게 되었다. 예배가 끝난 후의 웅장한 오르간 후주는 온몸을 꿰뚫고 지나가 어린 영혼을 전율하게 하였다. 이 공간은 종교의 공간이기도 했지만, 초심자인 건축학도에게는 공간 자체만으로 고단한 한 주에 한 줄기 위로가 되었다.

이 공간을 청년시절 그토록 갈망했던 이유를 되짚어본다. 환한 조명 속 개인이 오롯이 들어나는 공간보다, 어스레한 빛이 좋았고, 그 어둑한 예배공간에서 신과 일대일로 대면할 수 있음이 좋았다.

오직 나와 십자가의 일대일 관계가 성립되는 화려한 조각품 하나 없는 날 것의 콘크리트 예배당에 웅크린 채 늘 지친 마음을 뉘었다.

예배가 끝나면 좁은 문으로 나와 그와 대비되는 환한 빛의 세계로 다시 돌아 왔다. 따스한 봄, 으리으리한 로비 대신 성도를 맞는 담쟁이가 싱그럽다. 하지만 코끝이 차가워질 무렵이면 영원할 것처럼 무성하던 담쟁이는 다음 계절을 기다리며 완전히 소멸되어 생멸의 대조류를 매번 목격하게 하였다.

너무 아쉬워하지 말기를. 봄이 오면 그는 산들 바람과 함께 다시 올 것이다. 우리는 비가 오면 비가 오는 대로 눈이 오면 눈이 오는 대로 그 엉겁의 담쟁이 아래 서로 따뜻한 악수를 나누었다.

되돌아보면 이 곳은 누군가에게 종교의 공간을 넘어 그저 힘들 때 찾고 싶은 위로의 공간이었다. 공간이 말하는 무수한 언어들은 그 자체로 하나의 배움이자 내면의 씨앗이 되었다.

고단했던 어느 청년처럼, 더 많은 이들이 교회의 공간에서 온전히 내면을 마주하며 조용한 위로를 받는다면 좋겠다.

@영천 자천교회,
2018년 지금은 소년이 된 아기와 함께

#믿음의 역사

영천의 자천교회는 한옥 목조 교회로서 그 곳에서 100여 년의 세월을 묵묵히 지났다. 주변의 산세 속에서 평온한 자태를 한 담담하고 소박한 모습은 그 곳의 풍경을 많이 닮아있었다.

의병이었던 이는 한 선교사를 만나 복음을 받아들이고 자신의 사재를 들여 지금의 교회를 세웠다. 교회에는 마을보다 높은 종탑이 있다. 시계가 없던 시절 교회의 시간을 또는 마을을 깨우는 하나의 울림이었을 것이다. 높지만 수수하며 합리적이지만 갖은 정성을 들여 쌓아 올려진 모습은 성도의 헌신이자 믿음의 포석이었다.

누군가의 심중 깊은 믿음을 닮아 최소한의 쓰임새로 지어진 소박한 모습은 높은 자태에도 그리 권위적이지 않으며 주변과 자연스럽게 어우러져 낮은 마음을 굽어 바라보게 하였다.

@목동 아파트 상가,
2023년 기생 혹은 공존

#시대와 교회

서양에서 건너와 점차 확산된 한국의 초기 기독교는 기존의 사고 방식과 극단적으로 대립되며, 시작부터 치열하고 처절하게 이어졌다. 수많은 죽음과 희생 속에서 서민을 지키는 집단으로서 사회와 함께한 교회는, 나라의 아픈 과거와 함께 태생되었다. 암흑의 시기를 지나 사회의 변동에 맞추어 도시의 건축이 경제와 합리의 논리를 입듯이, 교회도 빠르게 그 언어를 따라 입었다.

쉴 새 없이 팽창하던 도시처럼, 교회도 어느 근거 없는 건물에 기생하기도 하고, 어색한 전통의 옷을 슬쩍 걸치거나 해석 없는 서양의 양식을 답습하기도 하며 쉼 없이 늘어갔다.

@Emirates Stadium in London,
2012년 무수한 군중 속에서

#군중 속의 고독

동네 작은 교회의 붕괴를 겪은 후 정처 없이 교회를 떠돌아 다녔던 몇 년의 시절이 있었다. 저변은 어두웠으나 예배는 편했다. 매주 교회에 갔지만 나의 존재에 대해서는 아는 이가 없었다. 나 또한 다른 이들이 그랬다. 하지만 갈수록 모든 것이 점점 불편해졌다. 자각하지 못한 사이 종교와 난 아득히 멀어지고 있었다. 예배만 드리면 그것으로 되었다고 여겼던 청년의 나는 혼자 남아있었다.

진정한 예배는 그 자체만이 아닌 성도의 교제에 있음을 절감한다. 믿음이란 서로 마주치고 살피며, 삶을 공유하며, 한 곳을 바라보며 함께 나아가는 것이리라. 개인화되고 고독함을 느끼는 일이 교회 안에서는 벌어지지 않기를, 적어도 건축과 공간이 그런 일들을 부추기지는 않기를 바란다.

@Hill Song Church at the Dominion Theatre in London,
2011년 We will rock you

#예배와 공연

공연장을 주일에만 빌려 예배를 드리는 교회가 있다. 대부분의 시간을 도시의 텅 빈 void로 보내는 종교의 공간이 도시 속 일상의 공간과 장소를 공유하고 있었다. void를 대신한 non-place적인 시도는 과히 파격적이었다. 덤으로 뮤지컬 관계자들은 신앙인이건 아니던 간에 안식일을 지키게 되니 얼마나 달콤한 제안인가.

Queen의 24개의 히트곡으로 만들어진 뮤지컬 "We Will Rock You"의 초연이 있었던 Dominion theatre 앞에는 십자가 대신 금색의 거대한 황금 Freddie Mercury가 서 있다.

관습적인 기독교의 잣대에서 보면 말도 안 되는 일일 지도 모르나, 완벽한 Sound와 한 편의 공연을 보는 듯한 예배는 젊은이들의 절대적인 지지를 받고 있다.

04 Minority Report
소수의 보고

"삶의 명과 암. 우연히 만난 어떤 종교 없는 공간들은 위태로운 여행자를 심연으로 데려가 오히려 신의 존재를 발견하게 하였다."

@Amager Strandpark in Copenhagen,
2012년 하늘과 닿은 언덕 위에 놓여진 조각들

#종교 없는 건축

The birds their carols raise,
The morning light, the lily white,
Declare their Maker's praise.
　　　　　　　This is my Father's world -Hymn 478-

신에게 닿을 것 같았던 장소들이 있었다.

지표도 소리도 시간도 없이 고요했던 가식 없는 장소는 오히려 하늘에 가까이 닿아 있었다. 어느 장소로 향하던 중 발견한 이곳에서 느낀 평화롭고도 느슨한 질감은 오래도록 곱씹어지는 일각이 되었다.

마치 공들여 쓴 긴 글보다 서툰 글귀 하나가 마음을 치듯이.

@Denmark Kastrup Sea Bath in Copenhagen,
2012년 바다를 걸어 하늘을 만나다

#분리의 영역

세상으로부터의 구분과 간결한 접점이 만들어 낸 그리 목적 없는 공간.

세상과 멀어지며 아득한 길을 천천히 걸어 나가 꿈을 꾸듯 원형의 중심에 닿았다. 바다와 하늘사이에 편안히 누워 신이 창조한 아름다운 것들을 온전히 누릴 수 있었다. 한없는 선물이었다.

시간과 장소를 가늠할 수 없는 비일상적 공간에서 따스한 햇살을 받고 누우니, 내가 끈질기게 붙잡고 있던 욕심들이 한낱 점처럼 느껴졌다.

@Maritime Youth House in Copenhagen,
2012년 잠시 한적한 바다를 바라보며 머물렀다

#마법의 의자

만나고 싶은 건축물을 찾아 코펜하겐 외곽으로 향했다. 한참을 걸어 바다 위에 흐르듯 물결치며 떠 있는 건물을 마주했다. 그 위에는 덩그러니 무심히 작은 의자가 놓여 있었다. 구름에 맞닿은 수평선이 한없이 아득하였다. 눈부신 햇살 아래 눈을 감고 그 따스함을 향하여 묵상하였다

어느 누구든 이곳에 머무른다면 잠시 철학자가 될 것이다. 비슷한 의자를 집에 하나 가지고 있어서, 여행에서 돌아와 냉큼 눈을 감고 온 촉각을 곤두세웠지만, 그날의 기온과 감정을 담아내진 못했다.

@Louisiana Museum in Copenhagen,
2012년 박물관 안에 펼쳐진 자연

#자연에 기댄 건축의 힘

자코메티의 걸음은 좁은 오솔길을 따라 결국 옅은 계곡에 닿았다. 매일을 죽고 다시 태어난다던 그의 조각은 숙명처럼 이곳에 닿은 듯하였다. 한 인간의 강렬한 순간의 초상과 그에게 비추어진 우수한 자연은, 그 곳에 닿는 작은 세계 또한 고뇌하게 하였다.

루이지애나 현대미술관에서 세계적인 작품들을 볼 수 있지만, 그 전에 자연과 맞닿은 건축물에 먼저 감탄하게 된다. 고풍스러운 미술관 입구를 지나면 펼쳐지는 넓은 바다와 잔디밭, 그 곳에 부끄럼 없이 누워 하늘을 보는 자연스러운 사람들, 그 속에 슬쩍 끼어 감사한 어느 오후를 만끽한다. 미술관은 유리벽으로 된 복도 공간으로 그리고 오솔길로 연결되어 있으며 작품을 보는 공간 어디에서도 신의 선물인 자연을 언제든 마음껏 만날 수 있다.

@The Little Mermaid in Copenhagen,
2012년 자연스러움에 관하여

#유명한 여인

여행을 하다 보면 누구나 한번쯤 경험하게 되는 순간이 있는데 기대보다 초라한(?) 상징과 맞닥뜨리는 일이다.

BIG Architects가 상하이 엑스포 당시 덴마크관에 옮겨 놓았을 만큼 코펜하겐 하면 떠오르는 작은 인어 동상. 조금 실망할 것을 이미 알고 있었지만 비행기에 오랜 시간 몸을 구기고 이곳까지 온 이상 누구든 가보지 않을 수는 없다. 작은 도시의 상징물을 찾아서 길고 긴 여정과 기대감을 가지고 온 이들과 함께 비록 허탈하게 웃게 되더라도 말이다.

그런데 한참 그녀를 보고 있으면 모든 것이 참 자연스러워진다. 도시의 상징인 그녀에게는 그를 휘어감는 현란한 조명도 반짝이는 명패도 부조화스럽게 거대해진 모습도 없다. 그 옛날 바로 그 곳에 앉아 있었을 것 같은 몸집과 조금은 정성 들인 듯한 돌 무리 아래 찰랑이는 수면 그 외에 무엇을 더할 수 있을까.

기준이나 형식 없이 몸집을 늘려가는 도시의 수많은 아이콘들이 순간 뇌리를 스친다. 비대한 몸집 탓에 오히려 그가 담고 있는 본질은 희미해지고 또 다른 의도도 읽혔기 때문이었을까?

전날 코펜하겐 시청사 근처에서 왕도 장군도 아닌 안데르센의 동상이 사람들과 시선을 맞추고 있던 모습이 떠오르며 허탈함은 결국 부러움으로 또 끝이 났다.

@Holocaust Mahnmal in Berlin,
2011년 눈물의 무게

#2711

1945년 1월 27일, 폴란드 아우슈비츠의 유대인 포로수용소가 해방될 때까지 약 150만 명이 수감되었으며, 60만 명의 유대인이 학살되었다. 이 슬픈 영혼들을 위로하기 위하여 세워진 홀로코스트 기념공원에는 무릎 높이부터 4.7m까지에 이르는 2711개의 콘크리트 비석이 격자 모양으로 세워져 있다.

베를린의 눈 오는 겨울, 기억을 넘어 각자의 높이로 누워 도시에 오래도록 얼어 붙어서 많은 이들의 눈물을 보았다. 차가운 콘크리트 비석에 내린 눈은 마치 영원한 눈물처럼 기둥에 새겨져 보는 이들을 더 슬픔에 잠기게 하였다. 영원히 기억 될 슬픔의 무게는 겨울의 시린 바람에도 굳은 흔적을 남기었다. 기나긴 어두운 깊이를 지나는 이들의 발걸음은 각자의 시간을 멈추고 그들을 위로하게 하였다.

그럴 일이 없을 것처럼 태연히 일상을 살아가지만 인간은 누구나 죽는다. 그리고 죽음에 대한 자각과 두려움은 신의 존재를 갈망하게 한다. 도시 한복판에 멋진 예배당을 하나를 짓는 것 보다 이 공간이 어쩌면 더 강렬히 신의 존재를 드러낼지도 모른다.

@Jewish Museum in Berlin,
2011년 상처와 기억

#유대인 박물관

다시는 반복되지 않아야 할 역사.

도시 한복판에 각인된 건축물은 온몸으로 과거의 상처를 되새기고 있었다. 비틀어진 바닥과 날렵한 선 사이에서 역사의 한복판을 마주한 이들은 무거운 걸음으로 비통한 과거와 대면하며 괴로워하였다.

건축가는 일그러진 선으로 표현된 건축물의 형상으로 부러진 다윗의 별을 은유하였다. 그 공간 안에 들어서면 누구든 방향 감각을 잃어버리게 되는데, 과거 유대인들이 느꼈던 참혹한 고통의 감정을 공간에서 함께 느끼게 된다

섬세하게 고안된 공간은 누군가를 깊은 내면으로 안내한다. 인간의 잔혹함 속, 생에 대한 절실함과 슬픈 울부짖음은 그들의 과거를 대면함과 동시에 나에게 주어진 생을 천천히 돌아보게 한다.

@Jewish Museum in Berlin,
2011년 슬픈 발걸음을 옮기며

#침묵을 울리는 기억

On a wagon bound and helpless
Lies a calf, who is doomed to die.
High above him flies a swallow
Soaring gaily through the sky.

Dona Dona -Jewish Song-

아득한 어둠의 공간에서 울려 퍼지는 공간의 애통은 머무는 이들을 그 때의 시간으로 옮겨 놓았다.

어둠 속 끝이 보이지 않는 슬픔의 계곡으로 조심히 발걸음을 옮기는 이들은 어떤 말도 할 수 없었다. 수 없이 놓여진 이름 없는 이들의 표정은 날카로운 소리가 되어 심장을 찔렀다.

비일상적 높이와 어두움 사이에 놓인 인간은 세상 속을 유영하는 자신의 연약한 모습을 발견하며 한 걸음 한 걸음 비통한 영혼을 조용히 옮겨나갔다.

@ "Intersections" by Richard Serra in Basel,
2012년 두터운 선에 누워

#도시의 경건

굽은 하늘, 그림자, 울림, 삼각의 도시. 묵직한 강철의 벽 속을 무심히 걷다보면, 내가 알던 세계가 새롭게 시작된다.

빛, 높이, 재질, 틈 사이의 모호한 언어를 듣는다. 그의 조각은 미술관에 전시될 때보다 도시 속 context와 만났을 때, 어디서부터 어디까지인지 모를 경계를 만들며 비로소 완성되는 듯 하다.

어렵게 설명하지 않아도 말을 덧대지 않아도 한눈에 이해되는 강렬한 무엇이 있다. 동질의 재료와 간결한 언어가 만났을 때, 복잡하고 다양한 논리보다 더 나은 공간을 만들어 낼 때가 많다.

내리는 눈과 비를 그대로 맞으며 서 있는 리차드 세라의 무거운 흔적은 도시 속 하나의 경건을 만든다.

@Bundeswehr Memorial in Berlin,
2011년 영혼이 머무른 도시 속에서

#그림자의 무게

산 자를 위한 도시 한복판에 영혼을 위한 공간이 곳곳이 마련되었다. 공간을 타고 넘어온 빛과 어둠이 만들어 낸 짙은 그림자는 기억의 무게를 공간으로 드리운다.

죽음은 어떤 인간도 피해갈 수 없다. 하늘나라, 천국, 내세, 극락, 환생에 이르기까지 종교는 이러한 죽음을 어떻게 해석하고 극복할 것인가에 대한 각각의 해결책을 고안해 내었다. 하지만, 그리로 직접 가보지 않는 이상 어느 누구도 정확히 확인할 길이 없다.

암묵적으로 잊고 살아가지만 삶과 죽음은 무서우리만큼 가까이 닿아 있다. 그리고 이를 자각하는 순간, 생은 한없이 애틋하고 소중해진다.

@Berlier Mauer in Berlin,
2011년 눈이 흩날리던 오후

#낯선 경계

추운 겨울 내린 눈은 따가운 겨울 햇살에도 쉽사리 녹지 않아서, 하얀 눈밭에 길다란 선형의 검은 그림자를 무한히 그려내고 있었다.

무너진 장벽은 가만히 선으로 남아, 지나는 모든 이들의 마음을 날카롭게 때리고 있었다. 쉽사리 잊어서도, 무감해서도 안 될 과거의 징벌은 도시 곳곳에 깊숙이 각인되어 일상 속에서 매일 곱씹어지고 있다.

절대자가 인간에게 선물한 무한했던 세계는 여러 이념과 논리로 무수히 나뉘어졌다. 그리고 지금도 많은 이들은 보이지 않는 선을 지키기 위해 밤낮으로 고군분투하고 있다. 신이 함께 하기를.

@Berlier Mauer in Berlin,
2011년 선으로 남은 과거 앞에 서서

#기억의 질감

드높던 과거의 잔재는 한없이 낮아졌지만, 지금도 결코 가벼운 마음으로 넘을 수는 없다. 모두에게 기억될 높이 없는 턱이 되어 무수한 기억과 함께 도시의 선으로 남았다. 과거에도 경계 없이 내리던 눈은 나지막한 면을 따라 조금씩 쌓이고 녹았다.

그 앞에 가만히 멈추어 서서 높은 담장을 그려 넣어 본다. 서로를 보호하기도 갈라놓기도 하였던 단단한 개체는 도시를 사정없이 반으로 갈라서, 누군가의 마음을 한없이 막막하고 구슬프게 하였을 것이다.

그래서 지금도 이 높이 없는 경계를 넘을 때는 누구라도 단번에 넘을 수는 없다.

@Tate modern in London,
2008년 거대한 비움의 중턱에서

#죽음의 암호

Then said they unto him, Say now Shibboleth: and he said Sibboleth: for he could not frame to pronounce it right. Then they took him, and slew him at the passages of Jordan: and there fell at that time of the Ephraimites forty and two thousand.

Judges 12:6 KJV

기계로 가득 찼던 거대한 "Turbine Hall"은 온전히 비워져 여러 예술인들의 배경이 되었다. 그리고 지금도 그때의 이름 그대로 불리며 전혀 다른 생으로서의 시간을 나고 있었다.

이 공간에는 많은 작품들이 전시되고 온전히 철거되었지만, 그 중 도리스 살세도의 "Shibboleth"라는 작품은 지워지지 않는 깊은 흔적을 남겼다. 어느 구약의 시대에 이방인을 가려내어 생사를 결정한 이 죽음의 단어는, 요단 강 나루턱에서 에브라임 사람

사만 이천 명의 생명을 앗아갔다.

가슴 아픈 과거는 매끈했던 바닥에 낯선 흉터로 오래도록 남아 그가 있었음을 여전히 알린다. 매끈한 콘크리트를 파고들었던 거대한 균열, 지속되는 인간의 분리와 증오, 높이 없는 경계의 상처와 거대 공간을 마주한 나는, 한동안 멍하니 앉아 틈을 통해 떨어지는 구원의 빛을 갈구하였다.

어느 날 마구 흩뿌려진 계절은 때론 매일 들르는 평범한 공간에서도 비범함을 발견하게 한다. 그리고 아득한 터널을 지나 도시를 바라보며 누리게 된 고독은, 존재에 대한 애틋한 갈구로 이어지곤 했다.

런던의 긴 겨울은 멀쩡한 사람도 깊은 고뇌에 빠지게하는 위험한 마력을 가졌으며, 습기를 머금은 도시는 오묘한 풍광을 뿜어내며 진정한 도시의 면모를 증명한다.

@Tinguely Brunnen in Basel,
2012년 위대한 예술가의 작품을 마주하다

#몰두

"모든 것은 움직인다. 움직이지 않는 것은 존재하지 않는다."라 말하던 장 팅겔리(Jean Tinguely)는 스위스의 조각가이다. 그는 못 쓰게 된 기계들을 조합하고 재생하여 새로운 생을 불어 넣었다. 그가 창조해낸 기묘한 기계들은 마치 살아있는 듯 힘차게 물을 내뿜는다.

1991년 생을 마감하였지만, 그의 작품은 도시 곳곳에 남아, 고요한 도시를 움직이고 있었다. 무수한 도시의 상징물 아래 자리한 조용한 표면을 쉼 없이 흔들며, 위트와 재치를 담아낸 혼신의 파편들은 그 만으로 도시의 장소가 되었다.

온 생을 다하여 몰두한 인간의 삶을 마주하면 경외심과 존경이 몰려오며 나의 나약함에 채찍질을 더하게 된다.

@Sagrada Familia in Barcelona,
2012년 현재도 공사중인 사그라다 파밀리아

#생을 다하여

무수한 파편의 상징들이 건축물을 휘감았다. 성경의 이야기와 인물이 담긴 이야기들은 건축물과 함께 생생히 살아있는 듯 하였다.

한 위대한 인간은 마지막 생의 순간을 쏟아부어 신의 언어를 건축으로 승화시키며 한 도시에 궁극의 상징물을 선물하였다. 그리고 그 완성을 보지 못한 채 이 곳에 묻혀 그 기나긴 이야기의 끝을 함께 기다리고 있다.

신의 소리를 내어 존재를 알리는 경계를 무수히 채우는 조각난 상징의 파편들은, 종교를 넘어 온 우주를 이곳으로 향하게 하였다.

@영천 임고서원,
2012년 기와의 언어

#회개기도

건축을 제대로 보려면 그 공간에서 실제로 행해지는 일을 할 때 비로소 배울 수 있다고 고집한 적이 있다. 이 어린 발상은 기독교인으로서는 해서는 안될 일도 대담히 자행하게 하였다. 비 내리던 어느 여름, 스님의 권유에 이제 죄를 지을 것인데 용서해 달라는 말도 안 되는 기도를 되뇌며 건네주시는 책 한 권을 받아 못 이기는 척 구석에 자리를 잡았다.

검은 기와를 타고 내린 빗물은 모래 바닥에 구멍을 만들며 줄지어 타고 내렸다. 두터운 비와 섞인 묵직한 목탁소리가 공간에 울려 퍼지며 심장을 연이어 내리쳤다. 스님의 알 수 없는 영롱한 노랫가락이 젖은 흙 냄새와 나무 냄새 사이로 진동했다.

새로운 경험이었다. 신을 만날 수 있는 장소가 있다면 바로 이곳일지도 모른다는 철없는 생각을 했다.

@Jacob und Wilhelm Grimm Zentrum in Berlin,
2011년 지식의 집성체라 불리는 장소

#질서와 침묵

Wisdom is the principal thing; therefore get wisdom: and with all thy getting get understanding.

Proverbs 4:7 KJV

도시 속 침묵의 영역에서 많은 이들이 한곳을 보고 앉아 끝없는 지식을 탐구하였다.

전체의 공간을 지배하는 반복적 형식의 구조는 건축물의 중심에 위치하여 마치 팬옵티콘이 펼쳐진 무대에 놓인 듯 모든 공간에서 관찰되었다.

세심히 고안된 질서적 정렬과 물리적 높이가 만들어 낸 공간의 무게는 굳이 말하지 않아도 지켜지는 침묵의 언어를 만들었다. 그리고 많은 이들은 이 무언의 세계에서 껍질을 깨고 나왔다.

@Reichstag dome in Berlin,
2011년 의미의 발제

#상징의 치환

민주주의 국가에서의 국회의사당은 어떤 모습이어야 할까? 두꺼운 외피를 벗어던지고 시민에게 온전히 공간을 내어준 제국주의 시대의 상징은 새로운 나라의 미래를 그린다. 투명하게 치환된 베를린 돔은 역사에 강한 의미적 파동을 던지며, 많은 이들에게 신선한 고민 거리를 건넨다.

현대로 넘어온 과거의 교회의 표상들은 얼마나 고심되어 구현되었을까? 메세지를 전달하기 위한 상징 체계들은 저마다의 이유로 교회 공간의 언어가 되었고, 수 세기동안 반복된 은유는 습관이 되었다. 오랫동안 되풀이 되면서 익혀진 행동 양식, 그저 고민 없이 답습된 습관은 어쩌면 새로운 변화를 애타게 기다리고 있을지도 모른다.

@Museu Blau in Barcelona,
2012년 예각의 선 아래에서

#푸른 박물관

날렵히 부유하는 삼각의 매스 사이로 잠입하는 빛은 일각의 틈새를 통하여 무수히 변주하며 섬세히 내부로 향했다. 통제된 어둠은 분리된 개인을 본질로 몰두하게 하였다.

다듬어지지 않은듯 거친 외피는 지중해 연안의 풍광과 어우러지며 카탈루냐인들의 깊은 심연의 경계를 드러내는 듯하였다. 그 심지 아래 은빛 외피를 따라 반짝거리는 빛은 바다의 반짝임을 닮아 무수한 생각으로 부서졌다.

선으로 만들어진 삼각의 면 속에서, 건축은 도시 속 하나의 날카로운 기호가 되었다.

@St. Paul's Cathedral in London,
2013년 건물 틈새로 바라본 성당

#도시의 현재와 과거

세인트폴 대성당을 런던에서 가장 아름답게 관찰할 수 있는 장소를 추천하자면, 첫째로는 테이트 모던에서 세인트폴로 이르는 '밀레니엄 브릿지', 둘째로는 성당 바로 앞에 위치한 '원뉴체인지 쇼핑센터'를 고를 것이다.

투명하게 내비치는 엘리베이터를 타고 틈새의 공극을 오르는 몇 초의 사이에 바라볼 수 있는 대성당과 옥상에 이르면 비로소 내려다 볼 수 있는 세인트폴의 돔은 현대 도시의 선물이다.

세인트폴 대성당은 이렇게 새로운 모습을 도시에 드리웠다. 또한, 어설프게 과거를 쫓기 보다는 오늘과의 극적인 대비가 도시적 감동을 주는 광경도 여러 번 목격하였다.

@Mumok in Vienna,
2011년 어느 가을의 늦은 오후의 비엔나 현대미술관

#검은빛

피카소, 샤갈, 앤디워홀, 리히텐슈타인, 백남준… 화려한 예술의 도시 비엔나의 한켠 어둡고 둔탁한 돌덩이 안에는 이름만 들으면 알만한 20세기 미술 거장들의 작품 10,000여점이 담겨있다.

절제된 화강암의 매스는 주인공을 위해 명료하고도 단순한 모양새로 자신을 내려놓았다. 세월이 멈춘듯한 도시는 이 낯선 이방인을 그대로를 감싸 안으며 현재의 흐르는 시간과 함께 자연스레 병치되었다.

때로는 화려한 장미보다 소박한 들풀 언덕이 걸음을 멈추게 한다.

@Vitra Campus in Weilam Rhein,
2012년 가을이 내린 장소

#대면

대가들의 멈춰진 콘크리트를 한 곳에서 만나 정처 없이 셔터를 눌러대던 한 청년은, 멈춰진 나뭇잎과 그에 비친 나무 그림자를 보고, 비로소 건축물이 닿아있는 대지와 대면하게 되었다.

어느 정돈된 거푸집 사이에서 나왔을 순수하고 과장되지 않은 표면과 형태 위에, 우연을 가장하여 살포시 시간을 거슬러간 나뭇잎은 많은 이들을 중력에 다시 끌어다 놓았다. 나뭇잎 콘크리트의 자연스럽고 따스한 물성은 그 후에도 때때로 곱씹으며 기억되었다.

우연들이 모여 가끔 의도치 않은 삶의 아름다운 부분을 조각한다. 그리고 그 작은 우연들은 기도의 소재가 된다.

@Vitra Campus in Weil am Rhein,
2012년 Serendipity

#우연에 기대어

콘크리트에 새겨진 작은 나뭇잎을 마주하여, 걸음을 멈추었던 일이 있다. 시간을 거슬러간 그의 모습이 강렬하고도 매우 자연스러워 오랫동안 시선을 두었다.

콘크리트는 거푸집의 모습과 그의 표면 그대로 순응하며 부어지고, 그 형태대로 굳어지며, 거칠게도 매끈하게도 면을 낸다. 어떤 껍질을 해체하는 순간은 어느 건축물이 표면에 바람을 맞으며 형태를 내는 생의 시작이다. 굳어진 시간이 오기 전까지는 무형의 것이었으나, 찰나의 순간 부어져, 어떤 형태로인가 굳어진 그는 여러 세월을 같은 모습으로 그 자리에 있게 되는 것이다.

@Judenplatz in Vienna,
2011년 일상의 공간에 놓인 홀로코스트

#이름 없는 도서관

도시 한복판에 Rachel Whiteread가 만들어낸 공간의 전위는 무거운 의미의 무게만큼 빈 공간을 압도한다. 시끌벅적하던 도시의 소음과 장난도 이곳에 이르러서는 차가운 공기와 함께 아래로 내려앉는다.

건축과는 철저히 대비되는, Void를 Object로 치환하는 일관된 그의 작업은 도시에 던지는 의문과 거대한 위로로 오래도록 새겨진다.

오스트리아 비엔나 유대인 광장에 세워진 이름 없는 도서관. 어떤 기능도 목적도 없이 겹겹이 쌓여진 책들은 어떠한 활자 없이도 그들의 슬픔을 애도하며 일상의 공간에서 걷는 이들의 기억 속에 무수히 환기되었다.

@Wiener Zentralfriedhof in Vienna,
2011년 모짜르트 베토벤 슈베르트 이곳에 함께 잠들다

#레퀴엠

이른 아침 버스와 전철을 오가며 빈의 교외로 향했다. 오스트리아 빈 중앙 묘지에 가면 위대한 음악가들을 한자리에서 만날 수 있다. 모차르트, 베토벤, 슈베르트가 한곳에 그리고 그 뒤를 잇는 브람스, 요한 스트라우스...

낭만적 시절의 아름다운 공간에서, 고귀한 이들 사이로 울려 퍼지던 음악을 상상하며 묘지를 걷는다. 이 곳을 채우는 높은 나무와 자연은 우리의 짧은 생을 위로하는 듯 높이 자라있다.

한 생명은 어디로부터 와서 어디로 가는가. 고귀한 이들의 생의 끝자락 앞에서 깊은 경외를 표하며, 생의 위대함과 유한함을 동시에 대면한다.

05 Element Game
미분게임

"요소는 전체를 대변하기도 하고, 전체는 작은 요소를 통해 해석되고 인식되기도 한다."

@Sagrada Familia in Barcelona,
2012년 무수한 코드 앞에서

#미분게임

미분이라는 단어를 나타내는 영어 differentiation은 '구별하다' 또는 '구분 짓다'라는 뜻의 differentiate를 그 어원으로 한다. 또한 differentiation이란 단어는 분화, 파생, 차별의 의미를 함께 지닌다.

탄생과 진화의 과정을 연상하게 하는 단어의 모음이다. 생명체든 그의 피조물인 창작물이던, 다른 것으로부터의 파생, 분화, 또는 차별 지음은 유사하면서도 독창적인 새로운 개체를 창조해 내었다.

무한한 대상을 이해하기 위하여 인간은 과학과 수학 등 총체적 지식을 모두 동원하여 이를 개념화하고 이해하려고 한다. 미분과 적분이라는 학문은 수식을 이용하여 날씨나 주식같이 전혀 예측할 수 없는 결과에 근사치를 제시하며 복잡한 대상은 이로 인해 논리적으로 구조화되고 체계적으로 식별되었다.

무언가를 이해하고 설명하기 위해서, 우리는 이렇게 어떤 기준으론가 그를 분류하고 잘라내고 요소화 한다. 반대로 무언가를 구축하고 이해하기 위해서 논리적 기준을 만들어 그에 상응하는 미분된 요소를 이용하기도 한다.

건축 속에는 무수한 이념들과 역사와 반복된 습관들과 양식 그리고 누군가의 Ego까지 수많은 뒷이야기가 담겨 있다. 이러한 복잡한 개체를 잘게 쪼개어 층층이 살피다 보면, 전체를 보며 놓친 수많은 본질을 발견하게 된다.

요소가 전체를 대변하기도 하고, 전체는 작은 요소를 통해 해석되고 인식되기도 한다. 때로는 하나의 관념적 요소 하나가 구축의 밑바탕이 되기도 하며, 오랜 시간 반복적으로 강렬히 굳어진 것들은 아이콘이라 불리곤 한다.

@St. Anne's Church in Vilnius, Lithuania,
2011년 황홀한 십자가

#아이콘1

교회 건축에 대한 도상학적 접근은 무한한 신의 영역을 단편처럼 이미지화 하였고, 교회 공간에 대한 연결적 메타포로 작용하여 전체의 본질을 표상하게 되었다.

계단. 희생. 부활. 창. 십자가. 빛에 이르기까지 인간이 담아내고자 한 무한한 신의 의미는 건축적 아이콘으로 파편화되어 공간에 담겼다. 도식화된 이러한 아이콘들은 여러 상호 작용을 통하여 심오한 종교적 의미들을 서로 주고받았다.

@Cologne Cathedral in Cologne,
2012년 공인된 상징 이외의 새로운 의지

#아이콘2

어떤 것을 그답게 만드는 무언가가 있다. 마치 데자뷰처럼 당연히 떠올려지는 강한 표식, 그것이 그렇게 되기까지의 어떤 사건, 옳은 방향이던 아니던 어떤 식으로든 굳어진 것들은, 백방으로 노력해보아도 찾기 어려운 무언가를 순식간에 만들어 내기도 한다.

한글로 그대로 아이콘이라 명하는 영어의 'Icon'은 종교적 명사로서 그리스 정교에서 모시는 이들의 초상이나 우상을 전문적으로 이르는 말로도 쓰인다. 'object'를 넘어 회자될 'subject'를 생성하는 시대의 초상을 꿈꾸며.

@'Big Apple' in New York,
2008년 성지라 불리우는 곳에서

#아이콘3

For God doth know that in the day ye eat thereof, then your eyes shall be opened, and ye shall be as gods, knowing good and evil.

Genesis 3:5 KJV

어떤 상징물은 시대의 아이콘을 넘어서 종교적 영역에 있는 듯하다. 한입 베어 문 사과는 건축물에 달린 무수한 아이콘 중에서도 독보적으로 많은 이들에게 사랑을 받고 있다. 뉴턴의 사과든, 앨런 튜링의 사과든, 선악과든지 간에 한번 그 신묘함을 맛본 자는 맹목적으로 이곳만을 찾게 되어 소위 광신도라 불리기도 한다.

@Cologne Cathedral in Cologne,
2011년 스테인드글라스 그림에 담긴 상징

#아이콘4

And the first beast was like a lion, and the second beast like a calf, and the third beast had a face as a man, and the fourth beast was like a flying eagle.

Revelation 4:7 KJV

삼위일체, 7일의 천지창조, 열두 제자, 사자와 독수리, 그리고 수많은 숫자와 상징들

성경을 바탕으로 한 상징의 구조적 논리화와 극적인 시각화의 도상학은 매우 명쾌하다. 비유는 무지한 이들의 이해를 돕지만 숫자에 담긴 영적 비밀들은 직관적으로 분명한 메세지를 전달한다.

@Notre-Dame du Haut in Ronchamp,
2012년 빛이 있으라

#빛 1

Then spake Jesus again unto them, saying, I am the light of the world: he that followeth in darkness, but shall have the light of life.

John 8:12 KJV

빛은 가장 원론적 소재이자 공간의 태초를 이루는 인격체로서 모든 건축에 실재하고 있다. 빛이 의도적으로 통제된 공간은 누군가에게 근원의 감동과 내면의 성찰을, 어떤 이에게는 신의 무한한 존재를, 또 다른 누군가에게는 가혹한 체벌로써의 두려움을 느끼게도 하였다.

인간은 이러한 고귀함을 논리적으로 이해하기 위하여 빛을 미분하여 수치화했고 고귀한 신의 언어는 이렇게 인간의 언어로 대체되기도 하였다.

@Jewish Museum in Berlin,
2013년 빛과 신념의 사이 어디쯤

#빛2

같은 공간일지라도 그에 반응하는 감정은 다양할 수 있다. 명암이 통제된 장소에서 많은 이들은 막연한 두려움을 느꼈지만, 어떤 이는 별을 헤아리며 내면의 성찰을 통한 문학의 탄생지로 삼기도 하였다.

신의 전능함을 보이는 도구로 활용된 중세 교회의 빛과 스테인드글라스를 통해 쏟아진 광명은 그 화려함과 성스러움으로 신비로운 공간을 만들어냈고, 팬옵티콘에서의 일광은 타자를 볼 수 없지만 나의 존재를 드러내는 두려움으로 공간을 통제하였으며, 어떤 무대 위에서의 스포트라이트는 관객의 모든 시선을 누군가에게로 집중시켰다.

가만히 반문해본다. 지금 어느 예배당에서의 빛은 한 영혼을 어디로 향하게 하는가.

@The Church of Betlem in Barcelona,
2014년 분리된 세계 속에서

#경계1

경계는 두 개의 장소를 만들어 낸다. 건축이 도시와 만드는 다양한 경계는 보호이자 분리의 수단으로서 공유의 기억을 만들고, 시대정신과 기술의 한계치를 끊임없이 시험하며 그 물성과 높이를 달리하여 도시에 한계를 만들어 갔다. 두터운 벽과 계단으로 혹은 낮은 담장으로 구축되며 굳어진 경계는 물리적 공간으로 도시에 시각화 되었다.

언덕 위에서 내려와 도시와 밀착된 종교의 경계도 두터운 벽을 사이에 두기도 하였고 한때는 점점 옅어지기도 하였다. 예배자로서의 구별된 시간을 지나 시대가 낳은 경계를 넘으면, 각자의 모습으로 현재의 도시가 다시 펼쳐진다. 도시와 종교 건축물 사이의 공간적 경계를 유심히 관찰해보면, 그 시대의 종교와 대중과의 거리를 발견할 수 있을 것이다.

@Cathedral of Barcelona in Spain,
2014년 예배가 끝난 후 축제의 도시

#경계2

낮은 계단을 지나 경계를 넘어온 많은 이들이 광장으로 나와 도시를 만끽하였다. 표면을 빼곡히 채운 상징물들은 오랜 시간 그들의 편안한 배경이 되었다. 손을 맞잡은 이들의 춤사위와 함께 서로의 안부를 묻는 대화와 흥얼거리는 노래 속에서 예배당과 맞닿은 도시의 거대한 빈터는 어느 시간을 따라 그 밀도를 달리하며 오는 이들을 맞이하고 있다.

그들이 허문 서로간의 경계는 낯선 여행자의 마음을 따스하게 하였다. 단지 눈을 마주하는 것으로도 어린이와 젊은이 모두 서로의 벗이 되어 왁자지껄 웃었다.

@Kolumba museum in Cologne,
2013년 거장의 문 앞에서

#문1

검은 벽을 따라 걸으며, 이 묘한 문에 닿을 것이라고는 예상하지 못하였다. 웃는 듯도, 놀란 듯도 한 표정으로 움푹히 들어가 이곳을 지나는 많은 이들을 생각에 잠기게 하였다. 열릴까? 어디로 가는 문일까? 열어봐도 될까? 고심 끝에 그냥 지나가기도, 누군가는 용기 내어 맞잡아 보기도 하였다.

두터운 문에 무언가로 덧대지 않은 이 묘한 손잡이는 처음 보는 모습이었으나 어딘가 자연스러웠고, 햇살을 맞아 따스하고 정겨웠다.

@군위 사유원,
2022년 작은 예배당 내심낙원의 문

#문2

교회의 문은 다양하게 오는 이를 맞는다. 묵직한 크기와 재료를 통해 경건한 모습으로, 쉽게 열리고 내비치는 친근한 모습으로, 조선 교회의 두개의 문처럼 어떤 구분된 선택지를 제시하기도 고딕 교회의 문에 새겨진 화려한 조각 앞에서는 오래 음미하며 멈춰 서게도 한다.

어떤 문을 어떻게 내놓느냐에 따라서, 교회든, 집이든, 학교든 어느 공간으로의 심리적, 물리적 경계를 달리하기에 그 위치와 방향, 재료와 무게를 신중히 고민하게 된다. 비록 허락된 문은 단 한 개 일지라도.

@Cologne Cathedral in Cologne,
2013년 사자 노크와 천사 손잡이

#문3

어느 공간으로 향하는 문은 벽과 다른 특유의 영역성을 지니고 있으며, 형태, 손잡이의 질감, 문의 무게, 열리는 방향, 재료, 높이에 따라 그 경계성을 드러내는 요소로서 작용한다.

종교에서의 문은 단지 물리적 경계임을 넘어선 오래된 이야기와 신앙, 믿음과 깨달음의 거대한 의미를 담는 장치로서 작동하였다. 이와 같은 연유로 공간의 문지기가 된 정글의 지배자는 여러 종교에서 관문을 지키는 도상적 수호자가 되었다.

@Chapel of Reconciliation in Berlin,
2013년 한없이 가볍고도 무거운 경계에 대하여

#문4

안으로 구분된 영역을 숨겨보는 아슬아슬한 경계선 상에서, 차갑고 무거운 손잡이는 오는 이들을 한번쯤 멈춰 서게 하였다. 내부를 데우는 옅은 목재 루버의 경계와 대비된 무거운 철문은 과거의 그것을 닮아 보였다.

손잡이 이외의 아무런 형상도, 조각도, 꾸밈도 없는 문이었다. 계절에 따라 온도를 달리하는 무게를 가진 두터운 문은, 누군가 어디로 향하는 지를 분명히 주의를 주는 공간의 언어이자 무언의 신호였다.

누구든 오라, 다만 어디로 향하는지 분명히 알라.

@Vitra Campus in Weil am Rhein,
2012년 어느 계단이 꿈꾼 낭만

#계단1

And he dreamed, and behold a ladder set up on the earth, and the top of it reached to heaven: and behold the angels of God ascending and descending on it.

Genesis 28:12 KJV

무동력으로서 가장 효율적으로 수직 높이를 오를 수 있는 수단으로서, 한없이 건조해져서 간신히 그 기능만을 해결할 수도 있고, 한없이 낭만적이어서 그 기능을 잊고 잠시 머물게 할 수도 있다.

하지만, 계단을 오르는 일은 물리적으로 수고스럽고 힘든 일이다. 그 끝에 바라는 뭔가가 있어 발걸음이 조금 가볍더라도 말이다.

@하양 무학로 교회,
2021년 수고와 묵상의 순간

#계단2

어떤 이는 느리고 어려운 계단을 오르며, 그 의도된 힘듦에서 신을 발견하기도 한다.

고심하여 고안된 가파른 계단, 제한된 빛, 거친 마감과 같은 건축적 장치는 의도된 고난을 만들어 내고 많은 이들은 이 불편함을 기꺼이 따르고 받아 들인다.

하지만, 동질의 건축도 누리는 이의 속내에 따라 전혀 다른 공간으로 다가온다. 어느 건축 공간에 담긴 심중의 은유로 감사히 사유하며 감동하였으나 보채는 아이와 함께 오르지는 못했다.

부모가 되며 공간을 보는 시각 또한 달라졌음을 종종 느낀다. 철학적 사유가 담긴 공간을 깊이 동경하면서도, 나의 현실은 작은 인간도 함께할 수 있는 장소에 자주 들르게 되었다.

@Museum der Kulturen in Basel,
2012년 바젤의 골목 어귀에서

#계단3

편안한 길이었다. 힘듦 없이 오를 수 있었고, 잠시 걸터앉아 쉴 수 있었으며, 휠체어도 다녔다. 사방진 공간에 편히 닿은 땅과 같은 모습의 경사진 계단은, 줄을 지어 겹겹이 쌓여서는, 햇살을 받아 낮게 날이 서 있었다.

Herzog의 museum der Kulturen를 찾아간 길이었지만, 지극히 편안한 단, 너비, 폭, 재료로 안뜰을 가득 채운 이 애매하고 편안한 계단에 빠져 오르고 또 내리며 오후를 보냈다. 여행 중 손꼽히는 평안하고 고요한 시간이었다.

@Rundetaarn in Copenhagen,
2012년 지름15m, 높이 34.8m의 여정

#여정

멀리서 원형탑을 보고 당연히 빙빙 도는 아슬아슬한 계단을 올라야하겠거니 생각했으나, 눈앞에 펼쳐진 것은 나즈막한 길이었다. 높이를 극복하기 위해 누구나 오를 수 있는 길이자 공간이었던 나지막한 경사로는 계단보다는 좀 더 다수를 위한 것이다. 계단은 일종의 반복성을 가지지만 램프는 개인의 보폭에 맞추어 내키는 대로 걸을 수 있으며 바퀴 달린 무언가를 밀어 올릴 수 있다.

유럽에서 가장 오래된 천문대인 코펜하겐 원형탑은 천체 관측 기계와 서적을 수레로 끌어 올리기 위해 램프로 설계 되었다고 한다. 수직적이지만 굉장히 수평적인 낭만을 가진 공간이다. 이 편안한 램프는 결말에 닿을 쯤 좁디 좁은 계단으로 변화하는데, 그때 누구든 지나온 램프의 위대함을 발견하게 된다.

@Notre-Dame du Haut in Ronchamp,
2012년 이슬 서린 언덕위의 롱샹

#전이공간1

북 카페부터 갤러리까지 예배 이외의 기능을 담은 실들이 지상을 차지하면서 요즘의 예배당은 1층에 없는 경우가 많다. 엘리베이터는 늘 턱없이 부족하니 예배가 끝나고 나면 많게는 몇 백 명의 신도들이 계단으로 한 번에 쏟아져 나오는데, 대부분 말없는 발자국 소리만이 공명하게 울려 퍼지며 다른 멈춤이나 대화 없이 충실히 그 기능 만을 수행한다.

롱샹 성당을 나섰을 때의 이슬서린 풍광, 대웅전에서 바라보던 비 내리던 풍경, 이방의 신전에서 내려다본 지중해가 생각난다. 어느 신성한 장소로 향하던 그 길은 누군가의 마음을 되짚고 준비하게 하였고, 분리된 영역으로 가는 길은 본질의 연장으로서 그와 긴밀히 연결된 심중의 의미를 담고 있었다.

어느 예배 공간으로 향하는 오르고 내리는 길이 고되지 않으며 정겨운 인사 한번쯤 나눌 수 있는 조금은 느린 공간이 되기를 그려본다.

@하양 무학로 교회,
2021년마을과 교회의 공존

#전이공간2

열려진 세 개의 입구와도 같이, 마을과 경계가 허물어진 외부 예배당의 모습은 정돈된 형태 만큼이나 편안하였다.

간결히 은유된 십자가를 바라본 벽돌들은 가만히 쌓여 비와 바람을 그대로 맞으며 마을의 쉼터가 되었다. 교회를 만든 10만장의 벽돌은 대구의 한 벽돌공장 대표가 기부하였고, 종교를 넘어 인근 사찰인 은해사에서도 기부를 하였다 하니 참으로 낭만적인 교회다.

마을 어르신은 자연스레 걸터앉아 못다한 이야기를 나누고, 아이들은 숨바꼭질을 할 것이다. 경계 없이 낮은 이 공간에서 그 날의 계절에 감사하며.

@하양 무학로 교회,
2021년 같은 곳을 바라보며

#의자

예배당에는 늘 기다란 나무 의자가 한곳을 바라보고 있었다. 내 의지에 따라 거리를 두기도 하고 상대를 배려하여 깊숙이 머물기도, 지나는 이의 길을 터주기도 하는 지극히 공의적이며 사회적인 의자였다. 한 방향을 보고 앉은 많은 이들의 뒷모습을 보면 일종의 연대감이 차오르기까지 하였다.

한 명씩 앉으면 물론 더 합리적이며 편하기야 하겠지만 실제로 함께 앉아 누리게 되는 공동체적 마음가짐은 이쯤의 불편함은 감수하게 하였다. 의도된 불편함은 가끔 더 큰 공의를 남긴다.

@제주 방주교회,
2022년 연약한 우리를 구원하소서

#물

So when they had rowed about five and twenty or thirty furlongs, they see Jesus walking on the sea, and drawing nigh unto the ship: and they were afraid.

John 6:19 KJV

투명하고 순수하며 그 깊이에 따라 주변을 투영하는 끊임없이 변화하는 물성의 존재.

홍수와 방주, 강으로 내려온 비둘기, 포도주로 변한 물, 물로 세례를 받았으며 물 위를 걷는 예수님.

의미의 경계를 넘어 닿는 신앙의 공간은 그곳으로 향하는 심란한 이들의 마음을 정수하였다.

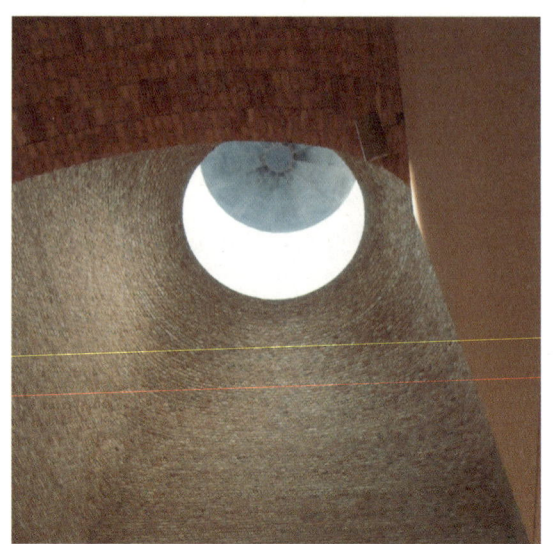
@Germany Neues Museum in Berlin,
2011년 기억의 환기

#영역성1

온전한 분리를 갖는다는 것은 다양한 영역에서 중요하게 느껴진다. 집에서조차 심중의 나와 일대일로 대면하려면, 잠시 머무를 수 있는 분리된 공간이 필요하다.

코로나로 인하여 인터넷으로 예배를 드리다 보니, 예배를 대하던 진지함이 가벼워지고 있음이 느껴진다. 그 시간과 함께 마음속에 채워지지 않는 무언가가 조금씩 타오른다. 이 결핍은 집에서 공부해도 되는데, 굳이 무거운 책을 싸 들고 독서실로 향하는 수험생과 다르지 않다.

독서실의 기본 조건: 조용할 것. 주변은 밝지 않을 것. 고립될 것.

@군위 사유원,
2022년 불완전이 만든 사유의 십자가

#영역성2

어느 종교 공간이든 일상과 구별된 영역의 설정은 굉장히 중요한 부분이다. 그것이 중세 고딕 성당에 들어섰을 때 느껴지는 비현실적으로 웅장한 공간은 아닐지라도, 적어도 자신과 예배에 집중할 수 있는 적정히 분리된 최소한의 영역성이 필요하다.

신도들이 느끼는 종교를 대하는 진중함은, 예배를 드리는 공간이 주는 공간성과 그로 향하는 여정에서 감정을 정돈하며 이미 시작된다. 이를 구현하도록 예배당의 공간이 섬세하게 다루어 졌을 때와 그렇지 않았을 때의 차이는 매우 극명히 다가온다.

@서울 경동교회,
2018년 구원자를 기다리며

#색감각

색채는 종교에서 본질이자 절대적인 의미를 드러내기도 하고, 한 나라 전체를 상징하기도 하며, 특정 색상의 동물이 성스러이 여겨지기도 하였다.

공간에 표현된 색채는 인간의 감성을 자극하며 여러 감정들을 만들어낸다. 오랜 세월 동안 축적 되어 굳어진 편견의 잣대는 잘못된 의도로 오해를 불러일으키기도 하였다. 이만큼 종교에서의 색채는 강렬한 메시지를 담는 수단이자 도구였으며 이를 통해 다양한 종교적 의미를 담아내었다.

진중히 고안된 의식을 담는 색채의 변화는 절기를 따르는 기억의 메타포가 되어 예배의 경건함을 이끌어 내었다.

@영천 자천교회,
2018년 민중의 종탑을 바라본다

#종탑

공간을 벗어난 종탑은 마을의 상징이자 예배의 시간을 알리는 장치이며 종교적 의미를 넘어 다양한 역할을 하였다. 한때는 가장 높은 위치에서 도시를 내려다보며 적을 감시하기도 하고, 서로 다른 종소리로 여러 이야기를 전하는 보고자로서 자리하기도 하였다.

부속을 넘어 하나의 정체성과 의미를 담은 어느 교회의 종탑은 그리 높지도 견고하지도 않게 오히려 허술한듯 서 있었다. 단아한 교회의 자태를 따라 최소한으로 쌓여진 민중의 상징은 최초의 종교를 닮아 있었다.

@Chapel of Reconciliation in Berlin,
2011년 'the Savior', 예배자와 눈을 맞추다

#십자가

단상의 높이와 그 위계질서는 오랜 시간 동안 당연한 룰로 여겨졌다. 하지만 왕좌를 내려놓고 낮은 단상과 땅으로 내려온 십자가 예수는 오히려 모든 이들의 고개를 떨어트려 숙연히 하였다. 단편으로 전체를 완벽히 설명해 낼 수는 없지만, 어떤 상징들은 작은 몸짓 만으로도 본질을 전달한다.

콘스탄티누스 대제의 기독교 공인 후, 교회 내부로 들여온 십자가는 어느 순간 교회 꼭대기에 달리기 시작했다. 당시 십자가는 두려움의 대상이었다고 한다. 실제로 어마어마한 수의 기독교인들이 십자가에서 처형당하였고, 예수님 또한 십자가에 달려 세상을 떠나셨으니 당연한 감정이었을 것이다.

도시를 걸으며 정말 다양한 모습의 십자가와 예수를 본다. 그리고 교회 건축의 기호적 Icon인 십자가는 그가 어떤 모습과 형태를 갖는지에 따라서, 품고 있었던 기존의 의미가 심화되거나 혹은 맥없이 대체되기도 하는 것을 목격하였다. 언젠가 반짝거리는 십자가 목걸이를 보고 그저 굉장히 아름답다고 여겼던 것처럼.

기독교에서 십자가는 잊어서도 안 되고 매 순간 곱씹어야 하는 사건이며 종교의 본질이다. 다만, 교회 공간과 건축에 비해 거대한 크기와 광채를 내는 십자가를 볼 때 그가 가졌던 의미를 넘는 또 다른 상징물로서의 권위나 의도가 읽히기도 한다.

그래서 자연스레 담기거나 추상화되어 표현된 간결한 십자가는 오히려 큰 의미로 다가온다. 마치 코펜하겐에서 만났던 어느 인어처럼.

@Side walk in Oslo,
2016년 오슬로의 겨울 일상

#교제 1

"Saying Grace"는 식사 전 짧게 하는 감사 기도이다. 인간이 생명을 유지하기 위한 원초적인 것으로서 가장 태초의 감사이고 나의 삶에 대한 포괄적인 감사의 태도를 담는다. 여기서 조금 더 생각을 넓혀 크리스천에게 식사의 의미를 반추해 보면 개인의 감사를 넘어서는 공동체의 감정으로 다가온다.

어느 저녁 이층의 다락방에서 예수님은 제자들의 발을 씻기시고 음식을 나누며 마지막 만찬을 베푸셨다. 최후의 만찬이 그림으로 가장 많이 회자되었으나 그 밖에도 많은 이들과 함께 하셨던 수많은 식사가 역사 속에 기록되어 있으며 천국은 잔치로 여러 번 비유될 정도였다.

성찬을 뜻하는 communion도 함께 나누고 공유하다라는 뜻의 라틴어 'communis'에서 왔다고 하니 함께 하는 식사는 기독교의 공동체를 형성하는 신앙에서 매우 중요한 부분이다.

"밥 한번 같이 먹어요."로 안부를 나누는 한국인에게는 더 그러할 것이다. 함께 한술을 뜬다는 것은 배를 채우는 것을 넘어 서로의 삶을 묻고 살피는 소중한 시간이기 때문에.

@Barbican Centre in London,
2012년 만나를 기다리며

#교제2

크리스천에게 식사의 본질이 끼니를 해결하는 것 이상의 깊은 무게를 가지고 있는 만큼, 교회에서의 식사 공간은 예배당만큼 섬세하고 예민한 장소이다. 또한, 식사 이외의 무수한 행위들이 일어날 수 있는 흥미진진한 장이기도 하다. 이를 담을 수 있는 충분한 공간이 있어야 하지만, 시선이 오고 갈 만큼 과하지 않아야 하고, 감사를 나누는 장소로서의 검소한 재료와 형태도 중요할 것이다. 또한 여러 모임이 일어나는 마주침의 장소로서 따뜻한 대화를 나눌 만한 편안한 높이와 볕이 드는 공간이 되어야 할 것이다. 교회의 식사 공간은 건조하게 식사를 마치고 일어나는 '식당'이나 보통의 사교 공간이 되지 않게끔 해야 하니 예배당 이상의 심각한 고민거리를 많이 가지고 있다.

시골의 작은 교회에서 식사를 할 때였다. 차례차례 줄을 서서 음식을 가져온 신도들은 아직 모두 숟가락을 들지 않았다. 폴폴 오르는 음식의 온기와 함께, 옹기종기 앉은 교인들은 이곳저곳을 둘러보며 눈인사를 나누었다. 모두 마주칠 정도의 아담한 공간이었으며 조금의 비좁음이 서로를 배려하게 하였다. 마지막 성도가 음식을 가져와 앉았을 때 목사님께서 조용하고 짧은 식사 기도를 해주셨다. 그리고 모두가 함께 식사를 시작하면서 공간은 그제서야 여러 목소리로 물들었다. 음식이 적당히 식을 만큼의 기다림과 이어진 대화들은 공동체 속의 작은 울림이었다.

06 The Flat Church
낮은 교회

"규모, 예산 등이 제한된 배경에 의해 시작된 최소의 교회로의 회귀는, 교회공간의 시작, 본질, 근본 등 덧대어진 것들이 사라진 후의 최소의 건축적 장치에 대한 물음이 되었다."

탐색의 시작

<교회건축>에 <아이콘화>되어 상용화된 건축 언어가 존재 하는가?
미분화된 교회의 건축 요소들은 무엇인가?
어떠한 요소적 장치가 건축물을 <교회>답게 하는가?

어느 작은 대지와 최소한의 예산이 주어졌다. 한계는 건축가를 코너에 몰아세우지만, 아이러니하게도 버릴 수 없는 본질을 돌아보게 한다.

아이콘그래피 <Iconography>

하나의 선율로 완성되는 음악도 결국 악기와 목소리의 선택적 조합을 통한 모음집으로서, 현대 음악은 개별화된 객체들을 더욱 세분적으로 요소화하여 빈틈없이 이를 재단하고 편집한다.

건축이란 거대한 전체 또한 이들과 같이 다양한 요소를 가지고 있다. 개별적 요소들은 집합에서 파생된 고유의 기호일뿐 아니라, 그 중 몇몇은 보통의 요소보다도 더 특별한 의미를 드러내기도 한다.

최소한의 교회 건축을 고심하는 과정에서 발견한 미분된 건축 요소 중에는 건축물을 교회답게 만드는 불가항력적 장치가 존재한다. 이 강한 표식들은 개별적 요소의 등장만으로도 건축물이 순식간에 종교성을 나타내게 하며, 최소의 구축만으로도 그 본질을 드러낸다.

이러한 해석은 요소에 내재되어 있는 것이 아니라, 이를 인식하는 다수의 대중에 의해 의미가 부여된 것이다. 건축이 가진 개별적인 요소들에 대한 해석과 조합, 이를 총체적으로 구축하는 데에는 건축가의 분명한 의도가 담기며, 이에 대한 판단의 몫은 대중을 향하여 있다.

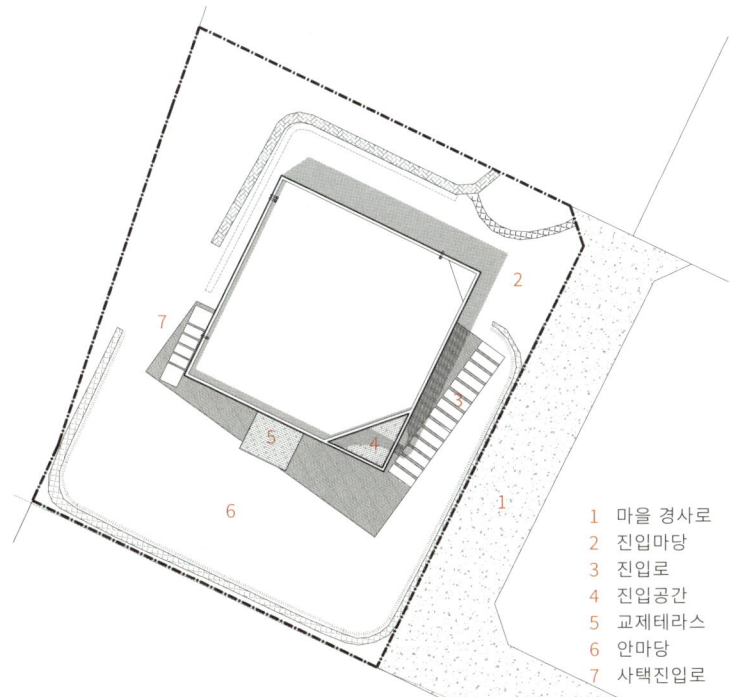

1 마을 경사로
2 진입마당
3 진입로
4 진입공간
5 교제테라스
6 안마당
7 사택진입로

여정: 대지

겹겹의 마을을 지나 강화도 한 켠에 자리한 대지는, 덧대어졌던 많은 요소들이 보이지 않는 속살 언덕 위에 자리한다. 이곳으로 다다르는 여정에서의 풍부한 서사는 교회로 이르는 진입로로 자연스레 이어진다.

덧대어진 것들이 점점 보이지 않는 강화도 속살 언덕 위 우두커니 서있는 대지는 그저 하나의 행운이었다.

강화도 낮은 언덕 위에 자리한 직육면체의 매스는 장식 없는 하나의 완결된 형태를 지닌다. 포장되지 않은 날것의 콘크리트 외피로 교회의 전형을 둘러 쌓았으며, 모서리에 분절된 아치만이 그를 규정하는 단 하나의 언어로서 작동한다. 이것은 미분된 건축요소의 최소의 개입으로서 의미를 구축하는 하나의 실험이며, 아이콘화된 구축 언어로서 공간을 규정하려는 시도이다.

여정: 시퀀스

강화도 삼흥리의 강화도 교회는 최소의 예산으로 지어진 작은 개척 교회로서, 산골 언덕 위 자리하고 있으며, 산지를 깎아서 조성된 대지는 도로 레벨보다 5m 가량 높은 위치에 있다.

규모, 예산 등의 제한된 배경에 의해 시작된 최소의 교회로의 회귀는, 교회 공간의 시작, 본질, 근본 등 덧대어진 것들이 사라진 후의 최소의 건축적 장치에 대한 물음이 되었다.

농아를 위한 교회로서, 세심한 시선이 마주하는 교회, 이를 바탕으로 교회로 이르는 시선의 변화와 단계적 시퀀스에 주목하여 건축 작업을 진행하게 되었다.

더 높아지려고 하는 세상에 낮은 자세를 취하며.

'진입로▷아치형입구▷진입공간▷전이공간▷예배당'으로 점증적으로 전이되는 공간의 모습은 최소의 간결함이 가지는 언어와 대비되어 이로 다다르는 긴 여정을 통해 최대로 변화하고 시각화된다. 다양한 시점에 따라 관찰되는 최소의 공간은 시각에 따라 상대적으로 이해된다. 도시 속 교회에서 무뎌진 '교회로의 여정'에 대한 물음과 반문은 도로에서 대지로 이르는 '경사로'에 대한 고민으로 연결되었으며 이는 입구로의 진입을 충분히 연장하고 다각도로 변화시키는 방식으로 구축되었다. 여정을 통한 상대적 공간에 대한 이해는 최소의 형태를 가진 교회를 다양한 시선에서 발견하게 한다.

접근 : 탐색

교회로 이르는 길은 모든 방향에서 열려 있으며 벽도 담도 계단도 없다. 지형 그대로가 낮은 언덕을 따라 완만히 놓여진 경사로를 걸으며 한 걸음 한 걸음 더없이 자연스럽게 예배당으로 이르는 마음가짐이 준비되길 바랐다.

예배당에 이르는 동선에 단계를 두어 세분화된 공간들을 거치도록 하면서 점층적으로 이르는 과정이 극적으로 표현되도록 하였다. 형태적 화려함이 아닌 공간에서의 경험에 집중될 수 있도록 동선을 단순하게 풀지 않고 길게 연장하여 시선을 전환하며 다각도에서 순차적으로 접근하도록 계획하였다.

건축실험

화려한 장식과 형태적 교회에 대한 반문에서 시작된 매스의 구축은 높이도 장식도 없는 최소의 형태로 간결히 표현되었다. 첨탑도 형상도 어떠한 위계도 없는 최소의 교회의 유일한 장식은 포장되지 않은 십자가와 분절된 입구로서의 아치이다. 미분화된 건축 요소에서 추출된 요소들은 최소의 장치로서 전체의 건축 공간을 규정한다.

십자가 이외에 교회임을 드러낼 수 있는 건축적 표식이 있는지에 대한 고민과 함께 과거의 아치는 구조의 속성을 내려놓고 단지 낮고 기하학적인 이미지로 모사되었다. 면이 아닌 매스의 예리한 선에 닿아 분절되어 침묵의 시작을 알리는 공간에 놓였다가 경계의 영역에 이르러 원래의 형상을 회복한다. 경건의 공간으로 초대하는 메타포적인 도구로서 이용된 것이다. 더 높아지려는 속성을 가졌던 구조적 아치는 낮게 변이되어 교회의 문턱에 투영되었다.

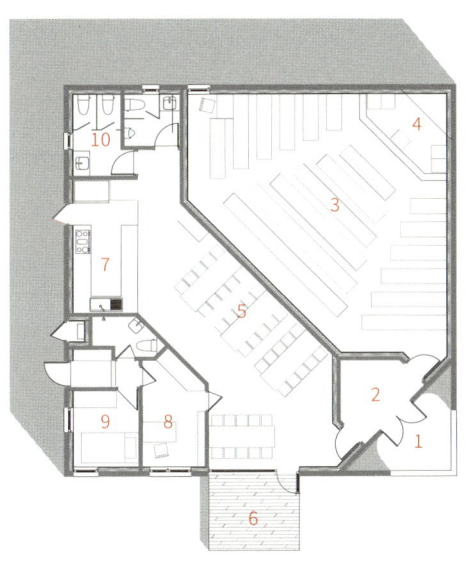

1	진입공간	6	테라스
2	전이공간_준비실	7	부엌
3	예배당	8	목사실
4	강대상	9	사택
5	교제공간	10	화장실

준비의 공간

아치형 입구를 넘어 처음 닿게 되는 전이 공간은 예배당으로 이르는 동선의 호흡을 조절하며 교회 공간으로 이르는 또 다른 여정을 준비하게 한다. 경건함을 만드는 최소의 장치로서 사용된 재료의 변이는 노출 콘크리트면과 적벽돌로서 구별된다. 이 잠깐의 멈춤은 길고 완만했던 교회로의 여정과 대비되며 밖과는 구별된 공간으로 진입하는 공간의 시작을 알린다.

전이 공간에서 시작된 교회 공간은 이후 그를 기준으로 한두 개의 삼각 공간으로 간결히 나뉜다. 예배의 공간과 교제의 공간은 한 면을 공유하며 같은 면적으로 입구를 달리한다.

예배당

예배의 공간으로 들어섰을 때, 시선의 끝에 위치한 십자가는 빛을 받으며 그를 향한 제한된 조명 속에서 상징성을 온전히 드러낸다.

천장과 벽에 완전히 맞닿은 십자가는 공간을 규정하는 상징적 아이콘으로서 공간화되었다. 언덕 너머 교회로 향했던 최초의 시선은 꼭짓점 전체를 오롯이 차지한 하나의 십자가로 최종적으로 귀결된다.

최소의 장치만을 남겨놓은 비워진 공간, 조각과 장신 대신 코너의 십자가의 형상만이 그대로 보여지는 외부와 분리된 예배당은 완전히 열린 경계를 가진 교회와 대비되며 신을 향하는 구별된 공간으로서의 기능을 다한다.

십자가

경계를 넘어 그곳을 온전히 채운 모서리 끝에 선 십자가. 외부에서 연약히 의도된 십자가는 내부에서 스케일을 넘어 공간을 차지하며 예배자에게 가장 집중할 가치에 대해 다시 반문한다. 묵직한 나무로 된 차림 없는 십자가와 그를 닮은 굴림 없는 가구들의 모서리를 통해 내부로 진입하는 빛은 따뜻하게 나무 십자가를 비추인다.

앉은 이들의 시선이 하나로 모이는 곳 공간의 정점, 이 모든 공간의 의도와 본질이 향하는 최종 목적지, 공간을 빼곡히 차지한 어느 상징은 가공 없는 최소의 모습으로 공간을 장악하며 그 의미를 완전히 드러낸다.

교제의 공간

언덕에서 마주할 수 있는 최대의 자연을 바라볼 수 있는 시선이 열린 내부 공간으로 구성되었다. 교제의 공간이 가지는 중요성은 예배당과 동일한 면적으로 표현되어 그 기능의 무게를 다한다. 자연으로 열린 교제의 공간은 빛이 제한된 예배당과 대비되며 세상으로 열린 밝은 교제의 공간으로서 의미를 갖는다.

강화도의 낮은 교회는 예배와 교제의 공간이 서로 면을 함께하며 더 넘음도 남음도 없이 평등히 절반으로 나뉘어있다. 걷다 보면 다다르는 언덕 위 작은 입구를 공유하며, 예배당으로 이르는 하나의 입구에서 서로 마주치며, 멈추어 보기를. 좁고 가까워진 그들의 거리만큼, 애써 부르지 않아도 수많은 시선과 마음이 만나고 오고 가기를 바라며.

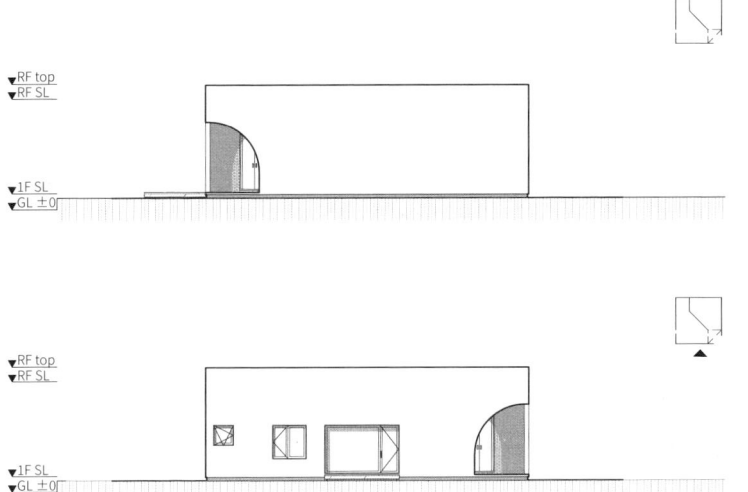

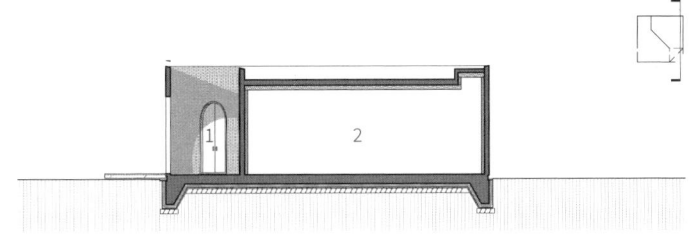

1 진입공간
2 예배당

안마당

교제의 공간을 통해 이르는 교회의 안마당은, 교회의 공간에서 다시 자연으로 회귀하는 장소로서 외부로 완전히 열려 있다. 교회로 향했던 여정을 돌아볼 수 있는 하나의 시점으로서, 십자가로 귀결되었던 시선을 다시 현상의 세계로 돌려놓는다.

07 Architects Talk
건축가들의 대화

토론의 언어들은 무거운 주제들을 가볍게 노의할 수 있게 하였다. 일의 틈새에 혹은 지나가버린 일들에 대한 깊숙한 곱씹음으로 이어진 현재의 대화들은 그 의미를 애써 남기고자 한 이들의 자취와 고민 사이 어디쯤에 있었다.

왜곡된 가치와 상실

정 글의 초반부는 종교 건축의 높이, 스케일, 상징에 대한 의문이 왜곡된 전언이란 주제로 모아졌어. 피라미드, 신전, 개선문 같이 인간의 스케일을 벗어난 거대 스케일의 건축물이나 다른 신을 숭상하던 상징물을 그대로 차용한다던지 하는 문제적 이야기들을 주로 다루었지. 글을 모르는 사람들이 직관적으로 인지할 수 있는 이미지나 상징체계를 이용하는 것 같이 이전의 교회가 가지는 양식과 프로토타입에 대해서 말이야. 현대의 교회에서는 이러한 전언들이 의식적으로 배제되었고, 초대 교회의 직관적 상징들은 최소화된 것 같아 보여. 그렇다면 현대의 교회 건축에서는 어떤 논리 아래 종교 공간이 생성 될 수 있을까?

김 성경에는 예배에 공간에 대한 어떤 규칙도 정하지 않았잖아. 모이라는 것 이외에 공간에 대한 무언가는 없어. 결국 아치며 스테인드글라스며 교회의 양식에서 주로 보이는 어휘는 사람이 만든 거지. 그렇다면 교회 건축 자체에는 기독교적인 의미가 담기지 않았다고 할 수 있어.

류 사실 모인다는 자체, 그러니까 교회의 커뮤니티가 교회 건축을 존재하게 하는 것 같아. 모이는 것이 강조되고 확대되어야 교회 건축은 물리적으로 살아남을 수 있으니까. 교회가 지속되기 위해서는 모이는 것에 대한 의미 부여가 필요하잖아. 성경에서 찾으려고 하면 극단적으로 교회 건축은 존재 이유 자체를 질문 받게 돼. 그래서 '최소라는 것은 무엇인가'에 대한 질문을 던져보는 거야. 최소로 모이고, 몇 명이 모이는 공간은 필요하니까.

김 근데 또 어차피 교회 건축에 대한 규칙은 사람이 만든거니까 반대로 그걸 규제하는 무언가도 같이 만들어졌어야 하는거 같아. 규제

가 없으니까 상가 교회, 창고 교회, 주택 교회부터 시작해서 모든 것
이 가능해졌지. 이제 건축으로는 교회를 구분할 수가 없어.

류 그래서 사이비가 탄생한 거지. (웃음) 종교적인 의미에서 해라, 하
지 마라가 아니라, 사회적인 틀로서의 제약이 필요하다고 생각해.
종교로 면세, 세금 혜택을 받고 있는데, 최소한의 기준은 갖추어 놓
아야 하지 않을까? 교회라고 하고 지하에 어르신들을 모아 놓고, 의
료 용품을 팔고 있는 상황도 발생하잖아. '사회적으로 필요한 것'을
'교회건축'이라고 보아야 한다고 생각해. 성경에서 오는 교회 건축
이라는 것은 없으니 말이야. 우리끼리 만들어 하는 것이고, 교회다
움도 사회적으로 느껴지는 것이지 그 근거를 찾기는 힘들어 보여.

정 이러한 고질적인 질문에서 영국의 힐송 같이 별도의 교회 건축 없
이 일요일에만 일반 공연장을 빌려서 예배하는 교회도 생겨난 거
지. 공연장이라는 것이 인간의 감정에 호소하는 공간이기 때문에,
목사님에게 핀 조명이 떨어지면 벌써 눈물이 날 정도라니까.

사운드에서 오는 감동도 엄청나고, 공연장에서의 어두움이 자신에
게 집중하게 하지. 대부분의 현대 교회는 너무 밝은 것 같아. 그래
서 당연히 옷도 매우 갖추어 입어야 하고, 예배당 안에서 서로 관
찰되기 때문에 신경 쓰이는 부분이 있어. 하지만, 예배당의 어두움
은 신에게만 오롯이 집중할 수 있게 하는 것 같아. 평일에는 도시
속에 비어있는 공간이, 일요일에만 선택적으로 쓰이니까 굉장히 합
리적이기도 하고.

김 그런데, 한국에서는 새벽기도, 수요예배, 목요찬양까지 평일에도
바쁘잖아. 한국교회의 특성상 주일에만 예배드리는게 아니라서 그
렇게 다른 공간이랑 공유하기는 힘들지.

정 맞아, 한국 기독교만의 특별함이지. 그런 면에서 교회 공간이 한국에서는 더 중요하고 특별한 부분이 있는 것 같아.

류 부흥을 위한 것이고, 참석하는 것이 신앙심을 나타내고 입증하는 것이지. 방언도 일종의 신앙의 잣대처럼 여기잖아. 형식이 없기 때문에 스스로 만들어 나가고 있는 것 같아. 형식이 없으면 없어야 하는데 말이야. 대다수의 교회가 잘 해내고 있지만, 경계에서 이를 악용하여 사례가 많고, 스스로를 교회라 하잖아.

김 교회가 비영리 법인이라고는 하지만 대형 교회가 아니고는 개척 교회들은 전부 개인 소유의 건물로 교회 건축이 진행되지. 건축비는 헌금에서 나오는데 부동산 수익이 발생했을 때 참 애매해질 것 같아.

류 사업으로 치환해서 생각해 보면, 재산세를 안내고, 본인의 돈을 안 쓰고, 건축할 수 있는 사업인 것이라 악용되기 쉬운 것 같아. 짓고 팔면 되니까.

정 어릴 적 다니던 교회가 그랬어. 성도의 눈물과 헌신으로 지어진 교회가 마지막에는 처분되어서 결론적으로 목사님의 자금이 되었어. 성도들은 뿔뿔이 흩어졌고.

류 그런 사건들을 성경의 잣대로 판단하려는 것은 아니고, 교회 공간의 의미가 퇴색되어 가는 현상을 보려는 거지. 자본주의의 논리에서 부동산과 엮여 가는 공간말이야. 우리가 말하는 규칙들은 그런 것들을 이야기 하려는 거야. 성경이나 기독교의 본질까지 가지 않더라도.

정 그러면 한국의 대형교회의 건축은 공간적으로 어떤 것 같아? 요즘 지어지는 어떤 대형교회들은 간판이 없으면 기업 같이 보이기도 해. 이런 현상들이 신앙에는 어떤 영향을 주고 있을까? 높은 타워에 스카이라운지가 있기도 하고, 공부방이 있고, 심지어 기독중학교, 고등학교도 있고, 교회를 짓는 방식이 일반 건축물이 같아 보여.

김 그런 것들이 참 신기한 것 같아. 성당 건축은 요구 조건이 엄청 많잖아. 짓는 과정 하나하나 교황청에 보고 되더라고. 종탑 같이 건축 자체에 대한 규제도 많고. 그런데, 교회는 주차대수 밖에 없어. 건축법상 용도에 종교시설이 있기는 하지만 종교시설에만 교회를 허가하는 건 아니니까.

류 규제까진 아니어도 기독교 단체의 협의가 필요해보여. 면세는 종교의 자유를 주는 것인데, 국가관으로 교회는 이 정도는 해야 한다 정도는 필요하지 않을까? 근생 교회라도 규제해야 하지 않나 싶어. 적어도 '단독 건축물'로 지어져야지 상가교회는 너무한 것 같아. 누가 봐도 교회이고, 비기독교인이 감시할 수 있어야 할 것 같아. 밀폐된 사회를 만들면 사이비가 탄생하니까.

김 근데 그걸 판단할 절대자가 없어. 이미 무분별하게 이어져온 세월이 너무 길어서 현실적으로는 어려워 보이긴 해. 기독교 협회도 통일되어 있지 않고 너무 많잖아.

류 그런 것들은 통합하긴 불가능하겠지만, 건축으로라도 '교회다움'을 찾아야 하지 않을까? 근거는 역사밖에 없고. 건축가로서 우리의 할 일은 '교회다움'을 찾는 것이라고 생각해.

진화의 시작

정 이 책의 두번째 장에는 무너진 중세 교회가 어떻게 새로 지어졌는지에 대한 이야기를 담았어. 독일의 현대 교회에서 찾은 진화의 실마리들을 담았지. 중세 교회가 예배당이 아닌 미술관, 카페 같은 공간으로 변이되기도 하고, 그대로 남은 교회의 흔적을 그대로 남기고 바로 옆에 완전히 대비된 새로운 예배당 공간이 만들어 지기도 했어. 기원인 땅과 같은 재료나 작은 교회 안에 철학적으로 해석된 십자가, 동일한 재료로 지어진 교회같이 진화된 현대 교회에 대한 이야기를 나누어보면 좋을 것 같아.

김 교회 건축이 경제적인 논리에서 조금이라도 벗어날 수 있다면 더 좋은 교회가 지어질것 같아. 우리나라의 건축물은 상대적으로 빨리 지어져야 하고, 건축비도 정해져 있는데, 교회에도 이 논리가 동일하게 적용되고 있어. 사례에 담긴 그룬트비 교회를 예로 들자면, 기간과 비용이 엄청나고, 이미 경제적인 논리를 떠나 있어서 가능한 프로젝트로 보여.

정 국민에게 존경 받던 그룬트비를 기리기 위해서 세금으로 지어진 교회였어. 종교 건축물이면서도 국가의 공공시설로서 여겨져서, 누구나 들어갈 수 있고 종교 행사가 아닌 일반 행사들도 치러진다고 해. 너무 이상적이지. 이런 건축물은 종교 이외에도 사회문화적 바탕이 있어야 가능할 것 같아. 그 밖에도 도심 한복판의 교회나, 교회와 붙어있는 광장에 시민들이 모이고, 사회와의 경계가 이어진 교회들이 유토피아적으로 보였어.

김 우리나라에서는 절대 나올 수 없을 것만 같아서 안타깝네. 교회 건축에서는 경제적인 논리를 조금만 떠나도 좋을 텐데, 공간의 여유 말이야. 한국 교회에서는 최대한 많은 신도가 모이는 것을 목표로

하니까 비어진 공간이 없는 것 같아.

1000석은 들어가야 하고, 여기에 맞추어 주차대수가 정해지다 보면, 대형 교회를 짓는데도, 복도 폭을 1.2미터 확보하는 것도 쉽지가 않아. 높이와 공간에 여유가 전혀 없는거지.

정 롱샹 성당에서 르 꼬르뷔제가 합리, 모더니즘, 낭비하지 않는 원칙을 다 어기고, 비합리적이고 낭비적이고 소모적인 건축물을 지어냈잖아. 소모적이긴 하지만, 중세 교회가 지켜야 할 양식들은 무시하고, 신교회로서 전혀 새로운 교회를 만들어냈던 거지. 그런데 마지막까지 그가 내려놓지 않았던 것은 십자가, 절제된 빛, 그리고 일정 부분의 높이였던 것 같아. 한국 교회 건축에서 내려놓을 수 없는 중요한 가치는 어떤 것들일까?

류 우리나라 교회의 특징은 성전과 동등한 식당인 것 같아. 밥이 중요하지.

김 맞아. 예배 끝나고 교제하고 식사하는게 중요하긴 하지. 강화도 교회도 예배당과 식당의 비율이 1:1 이었고 청주 교회도 한층 전체가 식당으로 계획됐지. 모임공간도 그만큼 중요하고. 신축 교회는 모임공간:식당:예배당이 1:1:1로 설계 되지. 외국 교회들은 예배당 위주인데 말이야.

류 교회에 머무르는 시간을 최대화 하는 것이 목적인 것 같아.

정 성가대실, 채플실, 구역장실 등 점점 공간이 늘어나고 있어. 1층 예배당이 평소에 도시의 용도로 쓰이는 유럽의 사례처럼, 다른 용도로 변이된 교회는 어떻게 생각해?

류 학교 다닐 때 유명했던 것이 '하이브리드'였잖아 교회가 평소에는 레스토랑, 성당이 평소에는 클럽 이렇게 말이야. 그런데 우리나라는 종교를 더 신성시해서 이런 것은 불가능해 보여. 유럽은 일상이 종교잖아. 클럽도 그렇고. 우리나라와는 다르게 사교의 한 장소로 여겨지지. 오래 자리 잡은 종교여서 그리 이상해 보이지도 않는 것 같고.

아이러니하게도 교회라는 공간의 정의가 먼저 되어있어야 변이도 가능할 것 같아. 경동교회 정도의 공간에서 다른 행사가 열린다면 예로 들 수 있겠지만, 다른 교회는 변이되어도 의미가 없을 거야. 상가 교회를 떠올려보면, 변이가 아닌 용도 변경이 되는 것이지. 우선 '교회다움'이 있어야 그 다음 진화를 논할 수 있을 것 같아.

사회와 교회

정 우리나라가 종교를 신성시 하는 것에 동의해. 유럽의 교회에서는 평소에 관광객을 위해서 콘서트가 열리기도 하니까. 한국 교회는 상대적으로 폐쇄적인 편이고, 이것은 공간적인 문제라기보다는 문화적인 문제로 보이기도 해.

일정 규모를 가진 교회를 보면 구성 자체가 도시와 친화적으로 보이지 않고, 밖에서부터의 경계가 느껴지기도 해. 중세 교회는 광장에 붙어있고, 계단 앞에 앉을 수도 있고, 문을 열고 들어가면 바로 예배당이잖아. 요새는 예배당이 더는 1층도 아닌 것 같아.

류 많은 사람들이 찾도록 대형화 되었지만, 폐쇄적인 면이 있는 것 같아. 청주교회 설계 당시 논의 하던 중에, 대형 교회 설계의 경험이 많은 선배가 강조한 두 가지가 있었어. 평면 검토할 때, 후미진 공간을 절대 만들면 안 된다는 것도 관리 측면에서의 통제였지. 관리가 안 되면 부랑자가 들어오고, 자살 등 사건 사고가 일어날 수 있으니까 말이야. 생각해보면 옛날의 소규모 한국 교회도 예배당에 바로 갈 수 있었잖아. 갈수록 예배당이 숨겨지고, 공간의 필터가 만들어지고 있는 것 같아. 대형화되면서 발생한 부분이고, 많은 신도를 모으지만 아이러니하게 폐쇄적일 수밖에 없는 부분이지. 본당 예배도 쉽지 않잖아?

정 나는 늦는 편이라 늘 스크린 예배당 신세였어.

김 정말이야. 인기 많은 대형 교회는 예배 한 시간 전에 가있어야 한다니까. 주일에는 5부 예배까지 있잖아.

류 그 정도면 더 큰 예배당이 필요했던 것 아니야? 교회가 감당할 수 있는 신도 수를 넘은 것 같기도 해.

김 그런데 큰 교회로 사람들이 모이잖아. 큰 교회의 예배가 더 풍성하고 자극적이거든. 잔잔한 예배가 아니라 신앙심을 고취시키는 예배인거 같아.

류 자본주의 논리와 같아 보이네. 대형마트 때문에 동네 슈퍼는 망하는 논리 말이야. 미국은 마이크와 명품으로 쇼를 무장하기도 한다던데. 차라리 미국처럼 솔직하지도 않은 것 같아. 사람이 모이고 부흥하고 결과적으로 부가 축적되는데, 표면적으로는 숨겨지는 것 같아.

김 대형 교회에 자본주의의 논리가 있는건 부정할 수는 없지만 작은 교회에도 문제는 많아. 목사님 한 명에게 의지하게 되서, 이 한 명이 말씀을 잘못 해석하면, 전체가 고스란히 변질 될 수 있으니까. 의도하든 의도하지 않았든 말야.

정 공연에 집중된 교회 공간에 대해서는 어떻게 생각해? 다양한 음향 시설을 갖추게 되고, 요새 십자가는 스크린이 내려가면 안 보이잖아. 십자가보다 스피커가 더 크기도 하고.

김 젊은 대형 교회는 뭐 거의 콘서트장 수준이지. 교회마다 예배드리는 방식이나 분위기가 너무 다른데 장단점이 있는거 같아. 오르간에서 오는 경건함은 없어도 출력 좋은 스피커 사운드가 어떤 의미에서든 심장을 울리긴 하니까. 그런 예배를 한번 경험하면 잔잔한 예배는 심심하게 느껴질 수 있지.

관습, 한국 교회의 프로토타입

정 중세교회에서의 빛은 매우 절제되었었는데, 현재의 예배당은 대부분 환하고 반짝이는 것 같아. 개인적으로는 예배를 드릴 때 빛에 굉장히 민감한 영향을 받아. 빛이 절제된 공간에서의 예배는 신과 나에게 집중할 수가 있는데, 밝은 교회에서는 십자가 이외에 보이는 요소가 너무 많아. 액세서리, 머리스타일, 표어 플랜카드같은 시각적 자극이 너무 많은거지.

김　그 작은 강화도 교회에도 결국 스크린이 설치되었잖아. 마이크 없이도 설교가 다 들릴정도로 크지 않은 공간인데 말야.

류　그냥 교회 공간을 느끼면 참 좋겠는데, 강화도 교회의 천창으로 빛이 떨어지는데, 스크린을 내리면 하나도 안보여.

김　평면적으로도 그렇고, 집중 될 수 있게 하는 것이 중요하고, 조명도 절제 되어야 한다고 생각해. 강화도 교회는 사선형 평면으로 강대상에 시선이 집중되게 했었지.

정　코너로 몰아 놓아서 어쩔 수 없이 보게 하지. 사각형에서 중앙을 보는 것과 삼각형에서 모서리를 보는 것은 전혀 다른 공간적 집중이니까. 장식이 있거나 형태적 굴곡이 있는 것도 아닌, 최소한의 형태로 이끌어낸 집중인거지.

류　원래의 설계는 재료적 텍스처가 거칠어지는 방향으로 설계했고, 내부도 뿜칠로 거칠게 표현하려고 했는데, 지금은 자작나무로 시공 됐어. 대형 교회들이 성전에 나무를 쓰려고 하는 경향이 있어서 목재가 익숙하고 편해서 였겠지. 원래 의도는 굴 속 같은 느낌이었는데 아쉬워. 십자가 나무도 덩어리로 돌 같은 느낌이 나기 바랐는데, 직선 부재의 조합으로 시공 되었어. 공간 구성 이외에도 재료가 많이 아쉬운 부분이야. 교회 내부를 편안하게 만들고 싶으셨던 것 같아. 계속 거부했던 느낌은 재료의 크기가 주민 센터의 다목적실처럼 되는 것이었는데, 조명이 예배당을 향해서 집중이 유도된 부분은 남아서 다행이야.

정　완전히 코너를 차지한 십자가와 그로 향하는 빛.

김　우리가 찾은 해답들이지.

신화, 종교 없는 건축

류 아이러니하게도 종교 공간보다 미술관이 더 감정을 동요하게 만드는 공간이 된것 같아. 삼청동 현대 미술관에서 내부로 이어지는 동선이나, 공간의 높낮이 변화, 엄청나게 거대한 공간에서 전시로 집중되는 공간들 말이야. 오히려 미술관에서 신성화된 공간이 발휘되는 것 같아. 예전에는 종교와 예술이 가까웠는데, 요즘은 종교가 예술에서 너무 분리된 듯해.

김 작품에 집중할 수 있는 공간에서는 장식적 요소들이 배제되니까. 온전히 무언가에 집중할 수 있게 하는 공간이라는 의미에서 더 그런 것 같아. 한국에서는 교회 건축보다 미술관을 설계할 때 오히려 더 심도있게 건축가의 고민이 담기는 것 같아. 교회 건축에서는 건축가의 의도대로 온전히 설계가 진행되는 건 극히 드물지.

정 경건함을 공간적으로 만들어 낼 수 있을까? 고요해지는 순간을 만들어 낼 수 있을까? 굳이 애쓰지 않아도 침묵하게 되는 공간이 있잖아. 대부분의 예배당에서는 그런 경건함이나 고요와 같은 신성함을 느끼기 어려운 것 같아. 갑자기 찾아오는 스케일의 변화나 어둠이라든지, 밀도의 변화라든지, 철저히 분리된 장소들이 필요해보여.

김 미메시스같은 미술관도 사람들이 줄줄이 이어서 들어가면 공간을 온전히 느끼기 힘들잖아. 인파가 북적이는 공간에서의 집중은 물리적으로 어려워.

정 교회 건축이나 미술관 말고 경건함을 느낄 수 있는 공간이 또 있을까?

류 기억이 머물고 역사적으로 남아있는 공간? 경복궁?

김 돈 많은 회사 사옥?

류김정 아모레? 정말 경건해지지.

정 비경제성은 확실히 무언가를 만들어. 일본의 료안지는 들어갈 수 없는 정원을 만들었지만, 비움에서 느끼는 바가 크잖아. 레이첼 화이트리드의 반전된 캐스팅 공간처럼 사용성이 없는 공간들은 철학적 논리로 공간적 기능의 논리와 자본주의를 넘어서지. 그런데 그와 반대로 비엔나 무목 미술관처럼 절제 속에 본질을 드러내는 경우도 있지. 어둡고 둔탁한 매스와 절제는 미술품을 철저히 돋보이게 하거든.

김 강화도 교회에서는 매스를 최대한 단순히 풀려고 했었잖아. 원형을 찾아가려는 단계였지. 건축의 장식적 요소를 최대한 배제하고, 최대한 단순화해서, 무엇이 중요한지, 안에 담기는 근본적인 것에 집중하게 하려고 했던거 같아. 처음에는 원형이었고, 비용 때문에 나중에 정사각이 되었지만, 논리는 동일했지.

류 형태가 느껴지지 않기를 바랐고, 형태로서 종교 건축에 접근하고 싶지 않았어. 그러고 나니까 교회에 대한 디자인 회의가 이루어지지 않았지. 미분의 과정 속에서, 역사적인 요소를 최소로 사용한 정도인 것 같아. 우리가 디자인을 했다기보다는, 해석을 했다 정도에 가까운 건축인 것 같아.

정 형태 이외에 또 어떤 공간적 코드가 있을까?

류 텍스쳐가 있겠지.

김 아주 거칠거나 아주 매끈하거나 일상에서 흔히 접하지 않는 낯선 텍스쳐 같은것 말이지. 그리고 최종적으로 공간은 비워져 있어야 하고. 기승전 경제적 논리네.

미분 게임

#의자

정 교회 의자는 긴 의자이거나 개인 의자잖아. 개인적으로 교회의 긴 의자가 주는 편안함과 또 다른 감성이 있는 것 같아. 같은 의자에 앉은 연대감, 길을 비켜주는 배려 같은 것 말이야. 요즘은 개인형 의자들도 많이 보이더라고.

김 요즘 1인 의자로 많이 바뀌었는데, 나도 긴 의자가 좋아. 개인 의자를 놓으면 강의실 같아.

류 긴 의자를 놓았을 때, 더 교회의 공간으로 느껴져.

김 긴 의자에는 3명이 앉을 수도 있고 5명이 앉을 수도 있고 정해져 있지 않잖아. 사람이 많은 대형 교회에서 개인형 의자는 무조건 붙어서 앉아야 되고 한자리도 비우면 안 되거든. 자리 정리 요원이 있어서 줄로 인원 산정을 해야 하니까. 긴 의자는 인원수 확인이 어렵잖아.

류 멀티플렉스와 같은 논리네?

정 교회 의자는 애초에 왜 길었을까?

김 여러 명이 앉을 수 있는 구조가 필요했을 것 같아. 예전에는 나무로 의자를 만들었으니, 하나하나 만들려면 너무 공이 많이 들어가니까. 의자에 집중했다기보다는 여러 명이 경제적으로 앉을 수 있는 구조로 보여.

정 그 논리가 교회의 아이콘이 되고, 프로토타입으로 굳어진 것 같네.

김 긴 의자가 있는 교회가 훨씬 여유 있게 앉을 수 있는 것 같아. 여유를 만들어내지.

류 앞에 조그만 선반이 있는 감성도 좋잖아. 큰 것 놓으면 잘 떨어지고, 밑에는 찬송가가 비치되어 있는 이런 것들이 우리 어렸을 때의 기억 때문에 이미지로 굳어진걸까?

정 대형교회를 먼저 접한 사람들은 개인 의자가 당연할지도 모르지. 대형화의 문제 중 하나가 개인화되는 것이고, 누가 왔는지 모르는 것인데, 긴 의자에 앉으면 인사도 하고, 비켜주며 서로 인사하게 되잖아. 그 의자에 함께 앉은 사람은 적어도 한배를 타는 거지.

#종탑

정 탑이나 종탑 같이 예전에는 시간과 위치를 알리기 위해서 필요한 것들이 있었잖아. 현대의 교회에서는 이런 요소들이 기능의 논리보다 치장으로 남은 것으로 보이는데 어때?

류 교회다움을 나타내는 요소의 하나로서 십자가와 비슷하다고 생각돼.

정 작고 낮은 교회도 한 부분은 높이려고 하잖아. 강화도 교회도 교회 자체는 낮지만, 만들려면 만들 수 있었잖아?

류 기독교적인 해석을 하면 종탑이 없는 것이 맞는 것 같아. 요즘 시대에 탑이 갖는 의미도 사라지고 있으니까.

김 근생교회들이 탑을 요소로 사용하는 건 그게 복잡한 도시 안에서 교회임을 나타낼 수 있는 가장 손쉬운 방법이기 때문인 것 같아. 어쩌면 유일한 방법이기도 할 테고. 임대공간이니 건물 자체를 손댈 수는 없으니까.

정 영천 자천교회의 오래된 종탑은 장식적으로도 느껴지지 않고, 기능을 위해서 최소한으로 만들어진, 종교성이 느껴지는 아름다운 종탑으로 느껴졌어. 반면에 상가교회의 종탑은 탑의 재료성도 이해하기 어려워. 오벨리스크의 논리와 연결되는 것 같아.

류 드높이는 과정이고, 종교가 권력을 갖는 과정이 연상되긴 하지. 도시에서 종을 칠 수 있다는 것은 도시에 권력이 있었다는 거야. 오벨리스크처럼 권력의 상징인 거지.

김 종을 치고, 소리를 멀리 전달하기 위해 위에 달렸던 기능은 상실되고 현대로 와서, 역할은 사라지고 형태만 남은거지.

#아이콘

정 종교 건축만큼 은유를 가득 담은 건축도 없는 것 같아. 중세교회의 숫자, 동물, 12사도, 삼위일체 같은 은유 말야.

류 그런데 강화도 교회에 은유는 전혀 없어. 새문안 교회는 베드로가 잡은 물고기의 개수가 교회 입면의 조명 개수가 된 것으로 알고 있어. 은유는 건축하면서 계속해야 하는 무언가라고 봐. 종교적 의미면 더 좋지 않겠어? 최소한의 것은 기억하자는 거니까. 성경 구절을 한 번이라도 떠올릴 수 있다면 충분하다고 생각해. 교회의 또 다른 스토리를 만드는 것이니 좋고. 하지만, 우리는 최소한의 요소에서 남겨야 할 만한것은 아니라고 판단해서 적용하지 않았을 뿐이지.

김 방주교회. 얼마나 직관적이고 좋아? 성경에서 나온 은유라면 와이낫이지.

류 맞아 직관적일수록 좋지.

정 때로는 표현이 너무 직관적이어서 처음 중세의 교회와 예술품들을 보고 우상화로 느껴지기도 했었어. 어릴 적 기준으로 삼았던 기독교의 정서에서는 직관적 대입들이 불편했고, 십자가도 역사를 보면 너무 복잡하지. 기독교인들이 두려워하던 상징물이 교회 내부에 있다가, 로마 공인 이후에 외부에 달리기 시작했으니까.

류 십자가는 로고나 CI로 봐야 하는 것 아닌가 싶어. 예전의 역사까지 되짚으면 어려워질 것 같아. 십자가는 약속 같은 거니까.

#단상

정 단상은 어디에 있는 것이 맞을까? 멀리서도 보이도록 설교대는 높이 있었고, 현대 교회에서도 대부분 높여져 있는 것 같아. 경동 교회에서는 목사님께서 설교만 단상에서 하시고, 기도시간에는 단상에서 내려와서 십자가를 보며 신도의 편에 서시는데 너무 인상적이었어. 대부분의 교회에서는 단상이 중세 교회처럼 점점 거대해지는 것 같아서 조금 불편해.

김 단상에서 설교자가 보이기는 해야 할 것 같은데. 높이의 문제라기보다 형태에 따라서 다른 것 같아. 너무 비대해지지만 않는다면 어쨌거나 예배의 중심은 말씀이고 단상은 말씀을 전하는 곳이니까.

정 하양 무학로 교회의 단상은 바닥에 있고, 베를린 화해의 교회는 십자가마저 땅에 내려와 있어. 신도들과 눈을 맞추는 단상이 매우 편안하지.

류 그래도 단상은 최소한 있어야 하지 않을까? 예배당 안에서는 적어도 위계질서가 있어야 한다고 생각해. 그것도 없으면 교회 공간의 의미가 흐려지니까. 예배당에서 최소의 것을 남겼을 때 적어도 목사님, 단상, 후광, 십자가는 존재해야 한다고 생각해. 위계질서가 반드시 있어야 하지.

김 단상에서 설교 이외에 다른 행위가 많이 생기면서 단상이 커지는 것 같아. 설교만을 위한, 목사님 한 명을 위한 공간이면 작겠지만, 큰 교회는 거기에서 특송, 광고 등 다른 행위가 많이 담기잖아.

류 몇 천 석의 교회는 당연히 단상이 커야 하고 어쩔 수 없는 부분이 아닐까?

정 높이나 크기 이외에 재료에 대한 부분도 있는 것 같아. 예배당의 재료와 같은 재료로 쌓아 올려진 단상은 높이와 상관없이 이질감 없이 편안하고 경건해 보여. 대리석이나 반짝이는 화려한 재료로 꾸며진 단상이 예배공간에 다른 분위기를 더하지.

류 강화도 교회에서는 단상을 나무로 제작했고, 빛을 반사하지 않도록 했어. 재료를 어떻게 하면 최소화할 수 있을지의 논리와도 연결됐어. 공간을 먼저 느끼게 하기 위한 방법이었지.

#문

정 교회의 로비로 들어가는 문은 기성의 유리문, 예배당의 문은 공연장에서 보이는 차음문이 일반적이잖아. 비교해 보았을 때 강화도 교회의 아치문은 작은 교회에 비해 과하게 설계 됐지. 이건 영역에 대한 문제와도 연결되는 것 같아. 중세 교회의 거대한 문에서는 빽빽하게 그려져 있는 조각이나 천사 모양의 손잡이를 발견할 수 있잖아. 종교가 아니더라도 문은 다른 공간으로 전이되는 중요한 시점에 놓여 있으니까.

류 원형 교회로 설계했다가 사각의 콘크리트 덩어리가 되었지만, 우리는 계속 동그란 해석을 하려고 했었지. 최소화해야 하는 단계가 왔을 때, 교회의 문의 이미지를 수없이 보면서, 사람들이 가장 교회의 문으로 여길만한 문을 적용 한 거야. 교회라는 요소 중에 단상, 종탑하고 비교해 보면, 문은 가장 낮은 영역에 있지. 사람들이 손을 잡고 실제 사용하는 가장 친밀한 요소이기도하고, 그래서 이 부분만큼은 꼭 담으려 했어. 높은 영역에 있는 요소들은 최대한 배제하고, 낮은 영역의 요소에 집중한 거지. 진입로라든지 문과 같은 낮은 영역의 요소들에 대해서 이미지적인 아이콘들을 만들려고 했고, 계단 같은 요소를 배제했어. 높낮이를 없애고, 교회가 어떻게 하면 낮은 곳으로 갈 수 있을지 고민하면서 말이야.

김 그래서 문을 끝까지 고수했지. 실제로 기능적이지는 않잖아. 강화도가 바람이 많이 불어서, 문이 무겁고 불편해. 심지어 덜컹거리기도 하지.

류 의도한 거지. 종교 공간은 그 정도의 묵직한 문을 열고 들어가야 하는 영역인거야. 불편함이라는 것들로 교회 공간을 재단하지 않았으면 해. 심지어 단열도 안 되고 비도 새어 들어 올 수 있는 문일지라도 말이야.

정 작은 교회에서 영역의 켜를 만드는 것은 제한적인데, 문이 하나의 큰 역할을 해주고 있는 것 같아. 가볍게 열리는 일반적인 문이었으면 절대 느껴지지 않았을 거야. 재료에서 느껴지는 따스함도 있고. 묵직한 콘크리트에 달린 따뜻한 문은 전체를 따스하게 만드는 것 같아.

#전이공간

정 예배당에 들어서기 전 거치는 장소들이 있고, 이 공간적 경험에 따라 예배자로서의 마음가짐이 달라지는 것 같아.

류 강화도 교회의 준비의 공간은 아치를 공간화 한 외부의 진입공간과 문을 열면 보이는 삼각형의 전이공간의 2단계로 이루어져 있지. 전이 공간은 식당과 예배당으로 모두 갈 수 있는 공간이고 말이야. 종교적인 의미로서 예배당으로 가면서 몸과 마음의 정비가 필요하기 때문에 작은 교회가 가질 수 있는 최소한의 해답을 내어 놓은 거야. 그 공간에는 나무로 된 가구가 짜여져 있는데, 개념적 제안을 했었지. 예배의 준비 공간이고, 주보와 헌금함이 필요해서 현장에서 스케치 했는데, 만들어진 결과물이 좋았어.

김 로비의 형태가 아닌 최소한의 공간으로서, 준비 단계를 만들려고 했지. 최소로 만든 것이고, 투박해야 하고, 공간의 여유만을 주려 했지. 책장 한 두 개, 또는 의자 한 두 개가 놓일 정도의 공간이었어.

정 공간의 영성을 만드는 데, 전이공간이 매우 중요한 데, 독일의 현대 교회에서도 특히 집중한 전이공간은 예배당을 둘러쌓은 겹의 공간이라든지, 분명한 영역의 분리를 만들어 내고 있어. 강화도 교회에서는 이 공간이 작은 장소에 함축되었지.

김 사실 준비의 단계는 예배당으로 이르는 길에서부터 시작하지. 도로에서 흙길을 따라 구불구불 오르면서 한번 그리고 영역에 들어와서 디딤돌이 놓여진 진입로를 걸으면서 또 한번 그리고나서 아치문을 마주하게 되지. 자연스러운 단계를 계속 거치면서 예배당에 다다르도록 말이야. 공간적 구현의 제한이 있으니 외부 동선을 최대한 늘림으로써 전이 공간으로 삼은거지. 세상에서 종교로 가는 것이니, 단계적 접근이 있을수록 좋다고 생각했어.

정 절로 다다르는 길에서, 세속적인 것을 벗어나는 여러 켜를 지나는 것과, 주차장에 내려서 바로 엘리베이터를 타고 예배당에 도달하는 것의 정서적 차이는 매우 다를 거야. 스스로 생각을 정리할 수 있는 공간이 꼭 필요하지만, 대부분의 현대 교회에서 충분히 배려되지 않은 것 같아서 아쉬워.

류 인간이기 때문에 바로 신과 못 만나잖아. 공간적인 장치는 최소한의 교회에서도 남는 최후의 요소라고 생각해. 교회를 대하는 건축 방식은 기존과 같았을까 새로웠을까?

김 다른 시도였고 새로운 시도였던 것 같아. 종교건축이 처음이었고 확신이 없었기 때문에 굉장히 조심스럽게 접근했고 말이야. 조심스러워서 자연스럽게 더 최소한이 된 것 같아. 상징을 과감히 할 수 없으니, 최소한의 장치가 남은거지.

정 최소한이라고 했는데, 예배당을 삼각형으로 하고, 대형 십자가를 코너에 몰아놓고 나눌 얘기는 아니지 않나 싶기도 한데. (웃음)

류 처음 원안인 원형일 때는 정말 공을 들이다가, 무조건 사각형으로 해야 한다는 말에, 하루 만에 대안을 내서 결정이 됐었지. 다듬는데 오히려 더 오래 걸린 것 같아.

김 원형의 형태 일때 갖고 있던 고민을 최대한 사각형의 형태에 그대로 대입하려고 했지. 전이 공간의 시퀀스나 예배당을 세로가 아니라 가로로 폭이 넓은 형태로 계획해서 단상이 가깝게 느껴지게 하려고 했던 거 같은 시도말야.

정 보통의 설계였으면 직사각형의 예배당에 복도를 두고 사무실이나 공용공간이 위치했을 텐데, 사선으로 분절된 모습이, 부채꼴의 변형 같기도 해.

류 표현주의적인 접근으로도 볼 수 있겠지. 많이 새로웠던 작업이었지만, 돌아보면 기존의 작업이 한번 진화된 느낌이었어. 이 정도가 우리의 색깔임을 느끼게 해준 작업인거 같아. 발전된 시도 정도?

에필로그: 우리, 왜 교회 건축에 매달렸을까?

김 '교회'라는 단어가 주는 고민과 힘이 있었지.

류 스스로 많은 질문을 했어. 왜 내가 부르지도 않았는데, 계속 강화도에 가고, 이 노력은 어디에서 오는 것일까 고민스러웠지. 2번이나 홀딩 됐었고, 심지어 마지막 잔금은 받지 못했어. 이 프로젝트에서 유일하게 자본주의의 편에 선 이는 아이러니하게도 목사님이셨고, 나머지 짓는 사람과 설계하는 사람은 자본주의에서 완전히 떠나 있었어. 철저히 종교적으로 접근한 것이지. 다만, 목사님만 설계비와 시공비를 제대로 내지 않으셨고, 그 비용으로 주변 부지를 매입하셨다고 들었어. 팔지 않았기 때문에 이익은 보지 못했지만, 미리 땅을 사고 교회를 완공하였고, 완공 이후에 땅값이 많이 올랐다고 들었어. 어떻게 보면 그것이 결론인 것처럼 보이기도 해. 이런 모든 상황 속에서도 끌고 가는 힘이 '교회'라는 이름 때문이었는데, 그래서 우리 또한 자본주의적이지 않게 돼버렸어. 실제로 작업도 그렇게 했고.

정 종교 건축물이 무엇이기에 우리를 이렇게 만들었을까? 셋 다 기독교인이지만 절절히 신실한 것은 아니잖아.

김 학생시절부터, 건축에서 종교 건축은 궁극이지 않았나?

정 신앙을 떠나서 종교 건축물은 정말 설계해보고 싶었던 것 같아.

김 우리가 원하는 교회의 모습은 경제적인 논리에서 벗어난, 신성한 곳이라는 생각이 있었던 것 같아.

류 욕망의 일종 아닐까? 공간을 만들어내고 싶은 욕망?

김 경제적 논리를 떠난 건축에 대한 로망인거지.

류 대화의 내용들을 그저 그대로 담았으면 좋겠어. 토론에는 이런 내용을 담을 수 있는 것 같아. 논설 형태의 글은 비판을 담기 어려운데 토론은 조금의 비판의 논조가 캐주얼하게 느껴지거든. 우리는 정말 종교적으로 접근했고, 진심이었던 것 같아. 책으로 남기는 것도 이 노력들이 너무 안타까워서이고. 불평하면서 끝내고 싶지는 않아. 이런 과정들이 기록되면 우리에게도 의미가 남으니까. 그 의미를 만들어내려고 마지막까지 애를 쓰는 거지.

낮은 교회로 간 건축가
Journey to Flat Church

초판 1쇄 발행 2023년 6월 23일

지 은 이   정상경/요앞건축사사무소
발 행 인   김도란 류인근
편 집 인   정상경/김도란/류인근
              이창주/홍유진/김호성
              김가영/박근영/이소윤
펴 낸 곳   와이오
주   소   서울특별시 성북구 솔샘로 15다길 8, 1층
전   화   070-7558-2524
홈페이지   http://yoap.kr/
E m a i l   a_yoap@yoap.kr